国家级示范性高等院校精品教材

电工电子与控制技术实训与学习指导

主　编　晏永红

副主编　梁丽娟　陈　亮　王翠玉

天津大学出版社
TIANJIN UNIVERSITY PRESS

内 容 提 要

本书与《电工电子与控制技术》配套，也分为三篇，包括实验准备篇、基础性实验篇和综合实训篇。其中，实验准备篇分为常用电子仪器仪表及设备的使用和基本电子元器件的识别，为后续实验作准备。基础性实验篇分为电路实验、模拟电子技术实验、数字电子技术实验和电气控制及 PLC 实验，每个内容中包括 8 个实验。综合实训篇分为电工实训、电子实训和电气控制及 PLC 实训，每个实训包括 4 个项目，共 12 个实训项目。每个实验和实训项目中都给出了具体步骤和方法，供读者参考。

本书既可作为应用型高等学校电类和非电类工科本、专科学生的实验与实训教材，也可作为希望全面了解电类实践知识的自学者的入门教材。

图书在版编目（CIP）数据

电工电子与控制技术实训与学习指导/晏永红主编. —天津：天津大学出版社，2011.4（2018.7 重印）
国家级示范性高等院校精品教材
ISBN 978-7-5618-3900-3

Ⅰ. ①电… Ⅱ. ①晏… Ⅲ. ①电工技术—高等学校—教学参考资料 ②电子技术—高等学校—教学参考资料 ③自动控制—高等学校—教学参考资料 Ⅳ. ①TM ②TN③TP273

中国版本图书馆 CIP 数据核字（2011）第 051970 号

出版发行 天津大学出版社
地　　址 天津市卫津路 92 号天津大学内（邮编：300072）
电　　话 发行部：022-27403647
网　　址 publish.tju.edu.cn
印　　刷 北京虎彩文化传播有限公司
经　　销 全国各地新华书店
开　　本 185mm×260mm
印　　张 10
字　　数 250 千
版　　次 2011 年 4 月第 1 版
印　　次 2018 年 7 月第 3 次
定　　价 25.00 元

前　言

电工技术和电子技术的应用范围非常广泛，与一切新的科学技术无不有着密切的关系。因此，包含电路基础、电子技术和电气控制技术等三部分内容的《电工电子与控制技术》课程，对于工科非电专业的学生来说，不仅是为后续的专业课程和毕业后从事有关电类或控制类的工作打基础，更是为学生的自学、深造、拓宽视野及创新打基础的一门重要的技术基础课程。

作为一门对实践性和动手能力要求非常强的课程，教学的重要要求之一就是要培养学生的实践动手能力。为了更好地开展实验与实训教学，我们根据自身使用的和社会上普遍使用的设备、仪器的特点，组织编写了这本《电工电子与控制技术实训与学习指导》教材，作为《电工电子与控制技术》教材的配套实验实训教材。

考虑到各学校教学与实践学时安排的差异以及教学要求和侧重点有所不同，我们在实验的设计上，尽可能按照教学的先后顺序编排，同时加强各实验的独立性，减少各实验间的逻辑联系，增加了教师对实验选取的机动性。实训部分则是我们根据自身的教学经验安排的。要求学生在正常课程的理论与实验教学完成后，在老师的指导下，运用课程所学知识，利用1～2周时间独立完成一个或多个实训项目，撰写实训报告。这是综合应用的过程，可以强化学生对于知识的掌握。

本书在内容编排上，力争做到符合理论教材的体系要求，具有实验设计全面、实训项目综合性强等特点，能够达到便于学生或自学者了解和掌握电类相关课程的基础实践知识的目的，具有很强的适用性。本书既可作为应用型高等学校电类和非电类工科本、专科学生的实验与实训教材，也可作为希望全面了解电类实践知识的自学者的入门参考教材。

本书第1、2章和6～9章编写由晏永红完成；第3～5章由梁丽娟、陈亮和王翠玉等共同编写，并对全部实验实训内容进行了核实与验证。此外，武汉工业学院工商学院信息工程系的刘静、王珊珊、汪媛、张荆沙等为本书的编写提出了宝贵的意见和建议，在此，向他们表示由衷的感谢。

由于编者水平有限，书中错误及不足之处在所难免，真诚地希望广大读者予以批评指正。

编　者

2010年11月　于武汉

目　　录

第一篇　实验准备

第二篇　基础性实验

第一篇　实验准备

第 1 章　常用电子仪器仪表及设备的使用

电子仪器仪表是电子技术实验的基本工具，其使用方法需要被熟练了解并掌握。常用的电子仪器仪表主要有两大类：测量仪器和激励源仪器。测量仪器只有输入端口，输入被测电路的电参量，如万用表、示波器和毫伏表等。激励源仪器只有输出端口，输出被测电路需要的电参量，如信号发生器和直流电源等。

1.1　指针式万用表的使用

万用表又称多用表，可以用来测量直流电压和电流、交流电压和电流以及电阻等，有的万用表还可以用来测量电容、电感以及二极管、三极管的某些参数。指针式万用表主要由指示部分、测量电路和转换装置三部分组成。常用的指针式万用表如图 1-1 所示。下面以 MF— 47 型万用表为例进行介绍。

1．操作中的注意事项

1）测量前，先检查红、黑表笔连接的位置是否正确。红色表笔接到红色接线柱或标有“+”的插孔内，黑色表笔接到黑色接线柱或标有“−”的插孔内，不能接反，否则在测量直流电量时会因正负极的反接而使指针反转，损坏表头部件。

2）将红、黑表笔连接到被测电路前，一定要查看所选挡位的量程与测量对象是否相符，否则，误用挡位和量程，不仅得不到测量结果，还会损坏万用表。

3）测量时，用右手握住两支表笔，手指不要触及表笔的金属部分和被测元器件。

4）测量中若需转换量程，必须在表笔离开电路后才能进行，否则选择开关转动产生的电弧容易烧坏选择开关的触点，造成接触不良。

图 1-1　指针式万用表

2．使用方法

（1）调整零点

在测量前，万用表应水平放置，检查表头指针是否处于交直流挡标尺的零刻度线上，否则读数会有较大的误差。若不在零位，应通过机械调零的方法（使用小螺丝刀调整表头下方机械调零螺钉）使指针回到零位。

（2）测量直流电压

将选择开关旋至直流电压挡相应的量程上。测量电压时，需将万用表并联在被测电路上，并注意正、负极性。如果不知道被测电压的极性和大致数值，需将选择开关旋至直流电压挡最高量程上，并进行试探测量（如果指针不动则说明表笔接反，若指针瞬时旋转则说明表笔极性正确），然后再调整极性并选择合适的量程。

（3）测量交流电压

将选择开关旋至交流电压挡相应的量程进行测量。如果不知道被测电压的大致数值，需将选择开关旋至交流电压挡最高量程上预测，然后再旋至交流电压挡相应的量程上进行测量。

（4）测量直流电流

测量直流电流时万用表必须按照电路的极性正确地串联在电路中，选择开关置于“mA”或“μA”相应的量程上。特别要注意的是不能用电流挡测量电压，以免烧坏万用表。

（5）测量交流电流

先将选择开关置于交流电流挡相应的量程，再将万用表串联接在被测电路中。具体测量方法与直流电流的测量相似。

（6）测量电阻

将选择开关旋至“欧姆”挡的适当量程上，将两支表笔短接，指针应指向 0 Ω处。每换一次量程，欧姆挡的零点都需要重新调整一次。测量电阻时，被测电阻不能处在带电状态。在电路中，当不能确定被测电阻有没有并联电阻存在时，应把电阻的一端从电路中断开再进行测量。测量电阻时，双手不能触及电阻的两端。当表笔正确地连接在被测电路上时，待指针稳定后，从标尺刻度上读取测量结果。注意记录数据要有计量单位。

1.2 数字万用表的使用

图 1-2 数字万用表

数字万用表是一种多功能的数字显示仪表，既可以像指针式万用表一样测量直流、交流电压和电流，还可以测二极管和三极管等的某些参数。数字万用表的测量值由液晶显示屏直接以数字的形式显示，读取方便。有些数字万用表还带有语音提示功能。

数字万用表如图 1-2 所示，它的下方有一个转换旋钮，旋钮所指的是测量的挡位。

数字万用表的挡位主要有以下几种：$\tilde{V}$，表示测量交流电压的挡位；$\overline{V}$，表示测量直流电压的挡位；$\tilde{V}$，表示测量交流电流的挡位；$\overline{A}$，表示测量直流电流的挡位；Ω（R），表示测量电阻的挡位；h_{FE}，表示测量三极管的挡位。

数字万用表的红表笔接外电路正极，黑表笔接外电路负极。

1．操作中的注意事项

1）转换旋钮应置于正确测量位置。

2）表笔绝缘层应完好，无破损和断线。

3）红、黑表笔应插在符合测量要求的插孔内，保证接触良好。

4）严禁转换旋钮在电压测量或电流测量过程中改变挡位，以防损坏仪表。

5）必须用同种规格的保险丝更换坏保险丝。

6）为防止电击，测量公共端“COM”和大地“GND”之间电位差不得超过 1 000 V。

7）液晶显示“”符号时，应及时更换电池，以确保测量精度。

8）测量完毕应及时关断电源。长期不使用时，应取出电池。

2．使用方法

（1）电压的测量

电压的测量分为直流电压的测量和交流电压的测量。

1）直流电压的测量。

① 将黑表笔插进万用表的“COM”孔，红表笔插进万用表的“VΩ”孔。

② 把万用表的转换旋钮旋至直流挡“$\overline{\text{V}}$”，然后将转换旋钮调到比估计值大的量程。

③ 把红、黑表笔接电源或电池两端，并保持接触稳定。

④ 从显示屏上直接读取测量数值。若测量数值显示为“1”，表明量程太小，要换用大量程后再测量。如果在数值左边出现“–”，表明红、黑表笔极性与实际电源极性相反。

2）交流电压的测量。

① 将黑表笔插进万用表的“COM”孔，红表笔插进万用表的“VΩ”孔。

② 把万用表的转换旋钮旋至交流挡“$\widetilde{\text{V}}$”，然后将转换旋钮调到比估计值大的量程。

③ 把红、黑表笔接到电源的两端（交流电压无正负之分，表笔不用分正负），然后从显示屏上读取测量数值。

（2）电流的测量

电流的测量同样也分为直流电流的测量和交流电流的测量。

1）直流电流的测量。

① 黑表笔插入万用表的“COM”孔。若测量大于 200 mA 的电流，则要将红表笔插入“10 A”插孔，并将转换旋钮旋至直流挡“10 A”；若测量小于 200 mA 的电流，则将红表笔插入“200 mA”插孔，将转换旋钮旋至直流 200 mA 以内的合适量程。

② 将转换旋钮旋至直流挡“$\overline{\text{A}}$”的合适位置，调整好后，开始测量。将万用表串联接入电路中，保持稳定。

③ 从显示屏上读取测量数据。若显示为“1”，表明量程太小，要加大量程后再测量；如果在数值左边出现“–”，表明电流从黑表笔流进万用表。

2）交流电流的测量。

测量方法与直流电流的测量基本相同，不过挡位应该打到交流挡“$\widetilde{\text{A}}$”。

电流测量完毕后应将红表笔插回“VΩ”孔。

（3）电阻的测量

1）将黑表笔插进“COM”孔，红表笔插进“VΩ”孔。

2）把转换旋钮旋至“Ω”中所需的量程，用红、黑表笔接在电阻两端金属部位。测量中可以用手接触电阻，但不要把手同时接触电阻两端，这样会影响测量的精确度。因为人体是电阻很大的导体。

3）保持红、黑表笔与电阻两端接触良好的同时，开始从显示屏上读取测量数据。

（4）二极管的测量

数字万用表可以测量发光二极管和整流二极管，测量方法如下。

1）将黑表笔插在“COM”孔，红表笔插进“VΩ”孔。

2）将转换旋钮调到二极管挡。

3）用红表笔接二极管的正极，黑表笔接负极，这时会显示二极管的正向压降。

锗二极管的压降约为0.15～0.3 V，硅二极管约为0.5～0.7 V，发光二极管约为1.8～2.3 V。调换红、黑表笔，显示屏显示“1”则为正常（因为二极管的反向电阻很大），否则此管已被击穿。

（5）三极管的测量

选数字万用表的二极管挡，用红表笔去接三极管的某一管脚，用黑表笔分别接另外两个管脚。如果表的液晶屏上两次都显示为零点几伏的电压（锗管为0.3 V左右，硅管为0.7 V左右），则此管为NPN型三极管且红表笔所接的那一个管脚是基极。如果两次所显示的都是“OL”，则红表笔所接的那一个管脚便是PNP型三极管的基极。

在判别出三极管的型号和基极b的基础上，可以再判别发射极e和集电极c。仍用二极管挡，对于NPN型三极管，令红表笔接其基极b，黑表笔分别接另外两个管脚上，两次测得的极间电压中，电压高的为发射极e，电压低的为集电极c。如果是PNP型三极管，令黑表笔接其基极b，同样所得电压高的为发射极e，电压低的为集电极c。例如，用红表笔接C9018的中间那个管脚（基极b），黑表笔分别接另外两个管脚，可得0.719 V、0.731 V两个电压值。其中，0.719 V为基极b与集电极c之间的电压，0.731 V为基极b与发射极e之间的电压。

判别三极管的好坏，只要查一下三极管各PN结是否损坏即可，可以用万用表测量其发射极e、集电极c的正向电压和反向电压来判定。如果测得的正向电压和反向电压相似且几乎为0 V，或正向电压显示为“OL”，说明三极管已经短路或断路。

1.3 兆欧表的使用

兆欧表如图1-3所示。其中，图1-3（a）为机械式兆欧表，又称摇表；图1-3（b）为数字兆欧表。

（a）

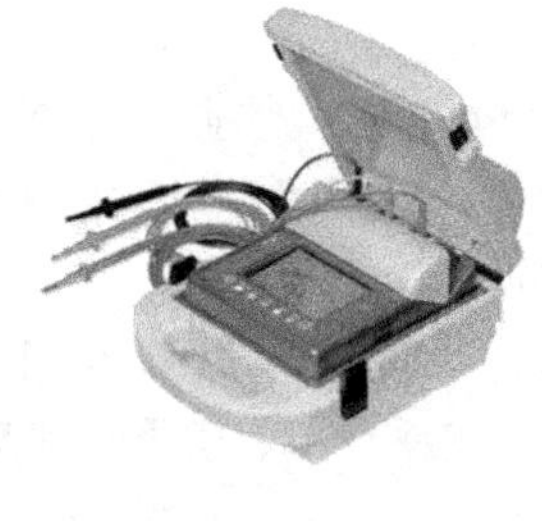

（b）

图1-3　兆欧表

（a）机械式兆欧表　（b）数字兆欧表

1．兆欧表的选择

根据不同的电气设备选择兆欧表的电压等级及其测量范围。对于额定电压在500 V以下的电气设备，应选用电压等级为500 V或1 000 V的兆欧表；额定电压在500 V以上的电气设备，应选用1 000～2 500 V的兆欧表。

2．使用前的准备工作

1）检查兆欧表是否能正常工作。将兆欧表水平放置，空摇兆欧表手柄，指针应该指到零处，再慢慢摇动手柄，使 L 和 E 接线柱输出线瞬时短接，指针应迅速指零。注意在摇动手柄时不可让 L 和 E 短接时间过长，否则将损坏兆欧表。

2）检查被测电气设备和电路，看是否已全部切断电源。绝不允许在设备和线路带电时用兆欧表去测量。

3）测量前，应对设备和线路先行放电，以免设备或线路的电容放电危及人身安全和损坏兆欧表，还可以减少测量误差。同时，注意将被测试点擦拭干净。

3．使用方法

1）兆欧表必须水平放置于平稳牢固的地方，以免在摇动时因抖动和倾斜产生测量误差。

2）接线必须正确无误。兆欧表有 3 个接线柱，E（接地）、L（线路）和 G（保护环或称屏蔽端子）。保护环的作用是消除表壳表面和 L 与 E 接线柱间的漏电以及被测绝缘物表面漏电的影响。在测量电气设备对地绝缘电阻时，L 用单根导线接设备的待测部位，E 用单根导线接设备外壳。测电气设备内两绕组之间的绝缘电阻时，应将 L 和 E 分别接两绕组的接线端；测量电缆的绝缘电阻时，为消除因表面漏电产生的误差，应将 L 接线芯，E 接外壳，G 接线芯与外壳之间的绝缘层。L、E、G 与被测物的连接线必须用单根线，绝缘良好，不得绞合，表面不得与被测物体接触。

3）摇动手柄的转速要均匀，一般规定为 120 r/min，允许有±20%的变化，最多不应超过±25%。通常要摇动 1 min 后，待指针稳定下来再读数。被测电路中有电容时，应先持续摇动一段时间，让兆欧表对电容充电，待指针稳定后再读数。测完后先拆去接线，再停止摇动。若测量中发现指针指零，应立即停止摇动手柄。测量电动机的绝缘电阻时，E 接电动机的外壳，L 接电动机的绕组。

4）测量完毕，应对设备充分放电，否则容易引起触电事故。

5）禁止在雷电时或附近有高压导体的设备上测量绝缘电阻，只有在设备不带电又不可能受其他电源感应而带电的情况下才可测量。

6）兆欧表未停止转动前，切勿用手去触及设备的测量部分或兆欧表接线柱。拆线时也不可直接去触及引线的裸露部分。必须先将被测物对地短路放电，然后再停止兆欧表的转动，以避免电容放电损坏兆欧表。

7）兆欧表应定期校验。校验方法是直接测量有确定值的标准电阻，检查其测量误差是否在允许范围内。

1.4 钳形表的使用

钳形表的外形结构如图 1-4 所示，使用时应注意以下事项。

1）使用前应检查外观是否良好，绝缘层有无破损，手柄是否清洁、干燥。

2）测量时应戴绝缘手套或干净的线手套，并注意保持安全间距。

3）测量过程中不得切换挡位。

4）钳形电流表只能用来测量低压系统的电流，被测线路的电压

图 1-4 钳形表

不能超过钳形表所规定的使用电压。

5）每次测量只能钳入一根导线。

6）若不是特别必要，一般不测量裸导线的电流。

7）测量完毕应将量程转换开关置于最大挡位，以防止下次使用时，因疏忽大意而造成仪表的意外损坏。

1.5 函数信号发生器的使用

1．概述

YB1600 系列函数信号发生器是一种新型高精度信号源，仪器外形美观、新颖，操作直观方便，具有数字频率计、计数器及电压等显示功能。仪器功能齐全、各端口具有保护功能，有效地防止了输出短路和外电路电流的倒灌对仪器的损坏，大大提高了整机的可靠性。该发生器广泛适用于教学、电子实验、科研开发、邮电通信以及电子仪器测量等领域。

（1）主要特点

1）具有数字频率计和计数器功能（6 位 LED 显示）。

2）具有数字输出电压指示（3 位 LED 显示）。

3）开关只需轻触，操作方便，面板上有各项功能指示，直观清晰。

4）采用金属外壳，具有优良的电磁兼容性，外形美观坚固。

5）具有内置线性/对数扫频功能。

6）具有数字频率微调功能，使测量更精确。

7）用 50 Hz 正弦波输出，便于教学实验。

8）具有外接调频功能。

9）具有 VCF 压控信号输入。

10）所有端口具有短路和抗输入电压保护功能。

（2）幅度显示

显示位数：3 位。

显示单位：V_{p-p} 或 mV_{p-p}。

显示误差：±1 个字。

负载电阻为 1 MΩ：直读。

负载电阻为 50 Ω：读数/2。

分辨率：1 mV_{p-p}（40 dB）。

（3）电源

电压：（220±10%）V。

频率：（50±5%）Hz。

视在功率：约 10 VA。

电源保险丝：BGXP—1—0.5 A。

（4）环境条件

工作温度：0～40 ℃。

贮存温度：−40～60 ℃。

工作湿度上限：90%（40 ℃）。

贮存湿度上限：90%（50 ℃）。

其他要求：避免频繁振动和冲击，周围空气无酸、碱、盐等腐蚀性气体。

2．使用注意事项

1）工作环境和电源应满足技术指标中给定的要求。

2）初次使用本机或久贮后再用，应先放置于通风和干燥处几小时，待通电 1～2 h 后再使用。

3）为了获得高质量的小信号（mV 级），可暂将“外测开关”置“外”，以降低数字信号的波形干扰。

4）外测频时，先选择高量程挡，然后根据测量值选择合适的量程，确保测量精度。

5）电压幅度输出、TTL/CMOS 输出要尽可能避免长时间短路或电流倒灌。

6）各输入端口，输入电压不要超过±35 V。

7）为了观察准确的函数波形，示波器带宽应高于该仪器上限频率的 2 倍。

8）如果仪器不能正常工作，应重新开机检查操作步骤。

3．面板操作键使用说明

YB1610 型函数信号发生器面板如图 1-5 所示。

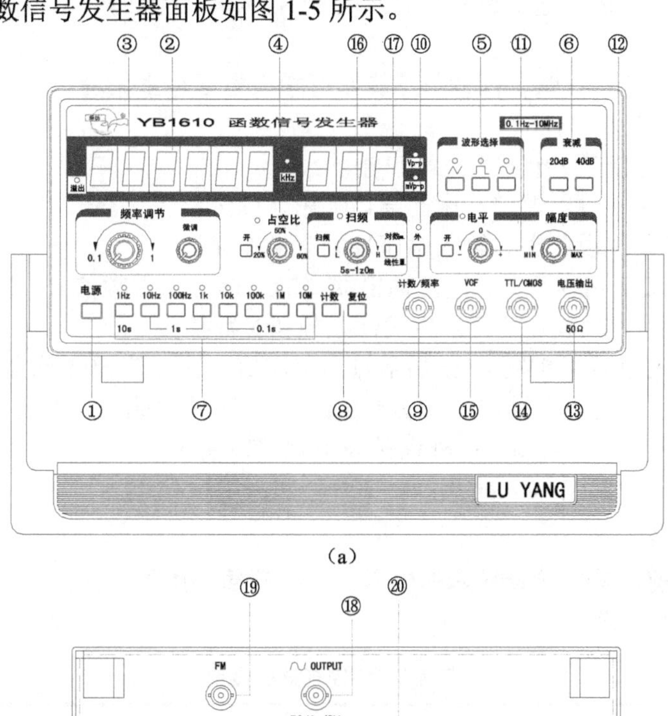

（a）

（b）

图 1-5　YB1610 型函数信号发生器面板

（a）前面板　（b）后面板

①——电源开关：将电源开关按键弹出即为“关”位置。将电源线接入，按电源开关，接通电源。

②——LED 显示窗口：此窗口指示输出信号的频率，当“外测”开关接入，显示外测信号的频率。若超出测量范围，则溢出指示灯亮。

③——频率调节旋钮：调节此旋钮可以改变输出信号频率。顺时针旋转，频率增大；逆时针旋转，频率减小。微调旋钮可以微调频率。

④——占空比：包括占空比开关和占空比调节旋钮。将占空比开关按下，占空比指示灯亮；调节占空比旋钮，可改变波形的占空比。

⑤——波形选择开关：按下对应波形的某一键，可选择需要的波形。

⑥——衰减开关：电压输出衰减开关。二挡开关组合为 20 dB 和 40 dB。

⑦——频率范围选择开关（并兼频率计闸门开关）：根据所需要的频率，按下其中一键。

⑧——计数、复位开关：按计数键，LED 显示并开始计数；按复位键，LED 显示为 0。

⑨——计数/频率端口：计数、外测频率输入端口。

⑩——外测频开关：按下此开关后，LED 显示窗口显示外测信号频率或计数值。

⑪——电平调节：按下电平调节开关，电平指示灯亮。此时调节电平调节旋钮，可改变直流偏置电平。

⑫——幅度调节旋钮：顺时针调节此旋钮可增大电压输出幅度，逆时针调节此旋钮可减小电压输出幅度。

⑬——电压输出端口：电压由此端口输出。

⑭——TTL/CMOS 输出端口：由此端口输出 TTL/CMOS 信号。

⑮——VCF 端口：由此端口输入电压控制频率变化。

⑯——扫频：按下扫频开关，电压输出端口输出信号为扫频信号。调节速率旋钮，可改变扫频速率，改变线性/对数开关可产生线性扫频和对数扫频。

⑰——电压输出指示：3 位 LED 显示输出电压值，输出接 50 Ω负载时应将读数除以 2。

⑱——50 Hz 正弦波输出端口：50 Hz 约 $2V_{p\text{-}p}$ 正弦波由此端口输出。

⑲——FM（调频）输入端口：外调频波由此端口输入。

⑳——交流电源 220 V 输入插孔：与 220 V 交流电源相连接。

4．基本操作方法

打开电源开关前，首先检查输入的电压。将电源插头插入后面板上的电源插孔后，再将各控制键按表 1-1 所示设定。

表 1-1　各控制键的设定

控　制　键	状　　态
电源开关	弹出
衰减开关	弹出
外测频开关	弹出
电平开关	弹出
扫频开关	弹出
占空比开关	弹出

控制键按表 1-1 所示设定后，打开电源。函数信号发生器默认为 10 kHz 挡正弦波，LED 显示窗口显示本机输出信号频率。

1）将电压输出信号由幅度端口通过连接线送入示波器 Y 输入端口。

2）三角波、方波、正弦波的产生过程如下。

① 分别按下正弦波、方波和三角波按钮，此时示波器屏幕上将分别显示正弦波、方波和三角波。

② 改变频率选择开关，示波器显示的波形以及 LED 窗口显示的频率将发生变化。

③ 将幅度调节旋钮顺时针旋转至最大，示波器显示的波形幅度将高于 20 V。

④ 将电平开关按下，顺时针旋转电平旋钮时示波器波形向上移动，逆时针旋转时示波器波形向下移动。最大变化量为±10 V。注意：信号超过±10 V 或±5 V（50 Ω）时被限幅。

⑤ 按下衰减开关，输出波形将被衰减。

3）计数、复位：

① 按复位键，LED 显示全为 0；

② 按计数键且计数/频率输入端输入信号时，LED 显示开始计数。

4）斜波的产生过程：

① 波形开关置“三角波”；

② 按下占空比开关，指示灯亮；

③ 调节占空比旋钮，三角波将变成斜波。

5）外测频率：

① 按下外测开关，外测频指示灯亮；

② 外测信号由计数/频率输入端输入；

③ 选择适当的频率范围，由高量程向低量程选择合适的频率，确保测量精度。当有溢出指示时，应将量程提高一挡。

6）TTL 输出：

① TTL/CMOS 端口接示波器 Y 输入端（DC 输入）；

② 示波器将显示方波或脉冲波，该输出端可作为 TTL/CMOS 数字电路实验时钟信号源。

7）扫频：

① 按下扫频开关，此时幅度输出端口输出的信号为扫频信号；

② 在扫频状态下，线性/对数开关弹出时为线性扫频，按下时为对数扫频；

③ 调节扫频旋钮，可改变扫频速率，顺时针调节增大扫频速率，逆时针调节减慢扫频速率。

8）VCF（压控调频）：由 VCF 输入端口输入 0～5 V 的调制信号，此时幅度输出端口输出的为压控信号。

9）FM（调频）：由 FM 输入端口输入电压为 10 Hz～20 kHz 的调制信号，此时幅度端口输出为调频信号。

10）50 Hz 正弦波：由交流 OUTPUT 输出端口输出 50 Hz 约 2 V_{p-p} 的正弦波。

1.6 双踪示波器的使用

XJ4318A 型双踪示波器如图 1-6 所示。

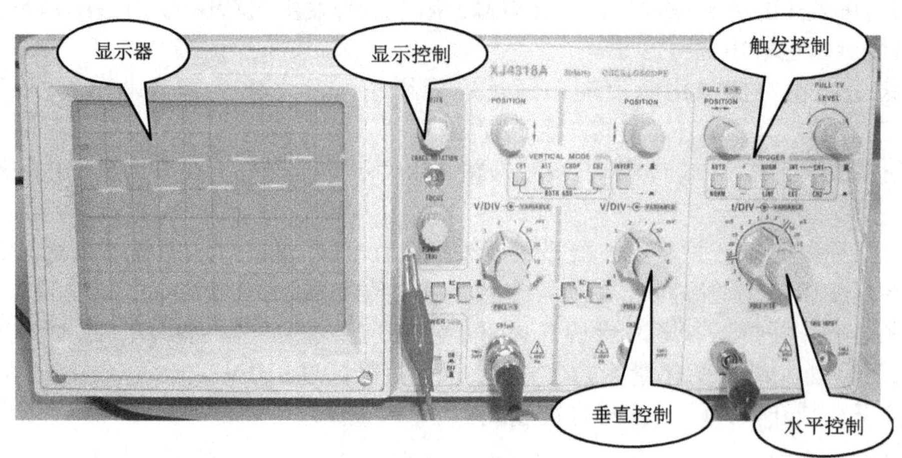

图 1-6　XJ4318A 型双踪示波器

1．显示控制

1）亮度控制（INTEN）：用于调节扫描光迹的亮度。

2）光迹旋转控制（TRACE ROTATION）：用于调节光迹和示波管坐标水平刻度线平行。

3）聚焦控制（FOCUS）：用于调节显示光迹的清晰度。

4）探极校准信号连接器：提供幅度约 0.2 V，频率约 1 kHz 的方波电压。允许操作者补偿电压和观察示波器的工作情况，但不能用于校准示波器的垂直增益和时基电路的精度。

5）电源指示灯：为发光二极管，当仪器电源接通时变亮。

6）电源开关（POWER）：用于接通和关断仪器的电源，按下为接通。

2．垂直控制

1）（AC、DC、⊥）：通道 1（2）输入耦合开关。

① AC：交流耦合（输入信号去除直流分量）。

② DC：直流耦合（输入信号直接送至垂直轴放大器输入端并显示，信号中含有直流成分）。

③ ⊥：放大器输入接地，便于测量时参考。

2）CH1（2）OR X（Y）：通道 1（2）或 X（Y）输入端。

3）CH1（2）V/DIV：通道 1（2）电压/度开关（Y 灵敏度开关）。

① 中间旋钮：扫描微调控制旋钮，顺时针旋到底为校准位置（CAL）。

② 中间拉出（PULL×5）：垂直灵敏度被提高 5 倍。

4）POSITION↕：通道 1（2）光迹垂直位移调节。

VERTCAL MODE：垂直方式选择开关。

① CH1：显示通道 1 输入信号。

② CH2：显示通道 2 输入信号。

③ ALT：交替显示两个通道的输入信号。

④ CHOP：断续显示两个通道的输入信号。

⑤ INVERT：通道 2 极性选择，按下极性相反。

⑥ ADD：CH1 和 CH2 两个键同时压入，显示通道 1 和通道 2 的代数和。若提供通道 2 的反极性，还可以显示两个通道的代数差。

3．水平控制

1）t/DIV：时间/度开关（扫速开关），用来选择扫描速度，为 1—2—5 进制。

2）中间旋钮：扫描微调控制旋钮，不在校准位置时用于调节连续可变的时基速率，顺时针旋到底为校准位置（CAL）。

3）中间拉出（PULL×10）：扩大扫描速率 10 倍，最快速度可扩展到 20 ns/DIV。

4．触发控制

1）TRIGGER：触发选择控制。

① 触发方式选择：AUTO（自动）、NORM（常态）。

② 触发极性选择：+（正斜率触发）、-（负斜率触发）。

③ LINE：市电，选择电源波形为触发信号。

④ INT：内触发，用 CH1 或 CH2 输入信号触发。

⑤ EXT：外触发，用外触发连接器的信号触发。

2）LEVEL：触发电平控制，顺时针旋到底为锁定（LOCK）位置；拉出为 TV 同步（PULL TV），允许电视场进行触发。

5．交替与断续显示

根据开关信号转换速率不同，双踪示波器有交替显示和断续显示两种工作方式。

（1）交替显示

所谓交替显示就是第一次电子开关接通 CH1 时，扫描电压对 CH1 信号进行扫描显示，第一次扫描结束后，电子开关马上接通 CH2，第二次扫描电压对 CH2 信号进行扫描显示，如此不断重复，在荧光屏上轮流显示出 u_A 和 u_B 的波形，如图 1-7（a）所示。

显然，这种显示方式下电子开关转换的速率就是扫描电压的频率，只要扫描电压频率大于25次/秒，那么，尽管两个信号波形是交替显示的，但由于荧光屏的余辉和人眼的滞留效应，会使人感到荧光屏上同时显示两个波形，而且不会闪烁。

（2）断续显示

断续显示是将两个通道的被测信号用同一个周期的扫描电压进行扫描展开。这种显示方式下，开关信号在一次扫描中高速地轮流接通 CH1 与 CH2 信号，把不同通道的信号分别送到 Y 偏转板上。当接通 CH1 信号时，CH2 被切断；而接通 CH2 信号时，CH1 被切断。由于转换速率比被测信号的频率高得多，切断的亮点取得很紧，所以在荧光屏上看到的波形好像是连续的，如图 1-7（b）所示。

断续显示适宜观测低频信号，特别适合比较两个相关信号的相位关系。

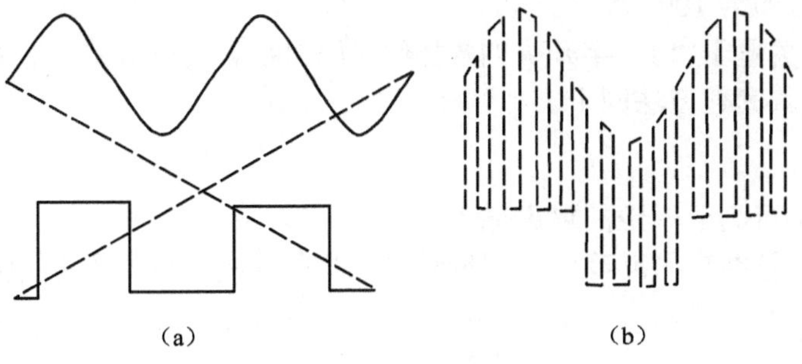

图 1-7　电压显示波形

（a）交替显示　（b）断续显示

1.7 交流毫伏表的使用

DF2178B 型交流毫伏表如图 1-8 所示。

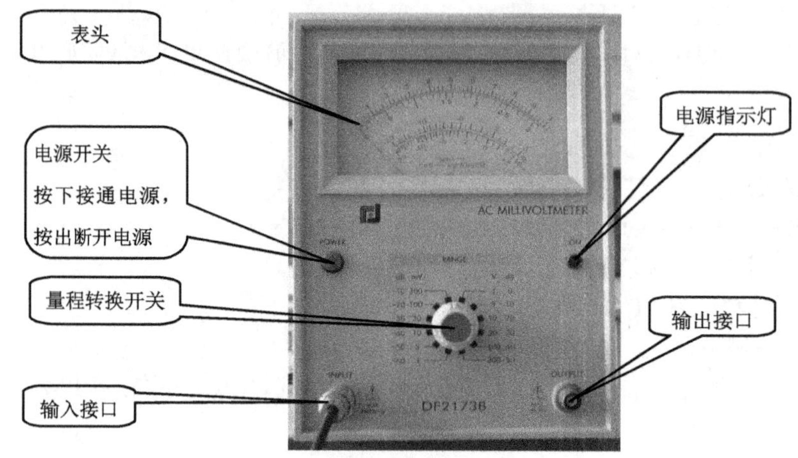

图 1-8 DF2178B 型交流毫伏表

1. 使用说明

1）当电源关断时，如果表针指示不在零处，可用一绝缘起子调节表头机械螺丝，使指针置于零处。

2）该毫伏表的最大输入电压不得大于 450V（AC+DC），最大输入若大于该值，部分电路有可能被损坏。

3）把量程转换开关置于合适位置，若不知道被测电压的大小，可置于 300 V 量程上。

4）插入电源，打开电源开关，指示灯亮。指针在大约 5 s 内不规则的摆动是正常现象，之后仪器将稳定，即可正常使用。

5）当输入端加入测量电压时，表头应有指示。如果读数小于满刻度的 30%，逆时针方向转动量程转换开关逐渐减小电压量程，使指针既大于满刻度的 30%，又小于满刻度值，然后读出指示值。

6）刻度盘上有 3 条刻度线，从上至下第一、二条为电压刻度线，第三条为分贝刻度线。

若量程转换开关置于“1”字开头的各挡处（如 1 V、100 V、100 mV），在第一条刻度线上读数。若指针指至满量程，则代表该量程挡的值。例如，量程转换开关置于 100 mV 挡，指针满偏至“1”，即为 100 mV。

若量程转换开关置于“3”字开头的各挡位（如 300 V、3 V、30 V、300 mV 等），则在第二条刻度线上读数。读数方法同上。

2. 注意事项

1）输入电压不可高于规定的最大输入电压。

2）为了确保测量结果的准确度，测量时必须把仪表的地线与被测电路的地线连在一起。

第 2 章　基本电子元器件的识别

2.1　常用电子元器件的命名

任何电子电路都是由元器件组成的，电阻、电容、电感和各种半导体器件是电工与电子技术中常见的元器件，也是电子产品中用得最多的元器件。为了正确地选择和使用这些元器件，必须了解它们的一些基本常识。

1．电阻和电位器型号命名方法

电阻和电位器型号命名方法如表 2-1 所示。

表 2-1　电阻和电位器型号命名方法

第一部分：主称		第二部分：材料		第三部分：特征分类			第四部分：序号
符号	意义	符号	意义	符号	意义		
					电阻	电位器	
R W	电阻 电位器	T	碳膜	1、2	普通	普通	对主称、材料相同，仅性能指标、尺寸大小有差别，但基本不影响互换使用的产品，给予同一序号；若性能指标、尺寸大小明显影响互换时，则在序号后面用大写字母作为区别代号
		H	合成膜	3	超高频	—	
		S	有机实芯	4	高阻	—	
		N	无机实芯	5	高温	—	
		J	金属膜	6	—	—	
		Y	氧化膜	7	精密	精密	
		C	沉积膜	8	高压	特殊函数	
		I	玻璃釉膜	9	特殊	特殊	
		P	硼碳膜	G	高功率	—	
		U	硅碳膜	T	可调	—	
		X	线绕	W	—	微调	
		M	压敏	D	—	多圈	
		G	光敏	B	温度补偿用	—	
		R	热敏	C	温度测量用	—	
				P	旁热式	—	
				W	稳压式	—	
				Z	正温度系数	—	

例如，精密金属膜电阻型号命名方法如图 2-1 所示，多圈线绕电位器型号命名方法如图 2-2 所示。

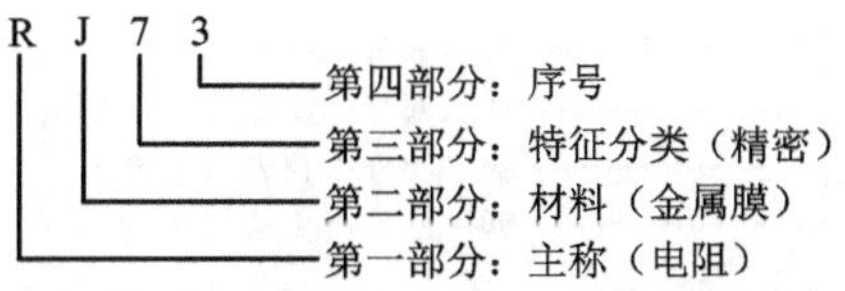

图 2-1　精密金属膜电阻型号命名方法

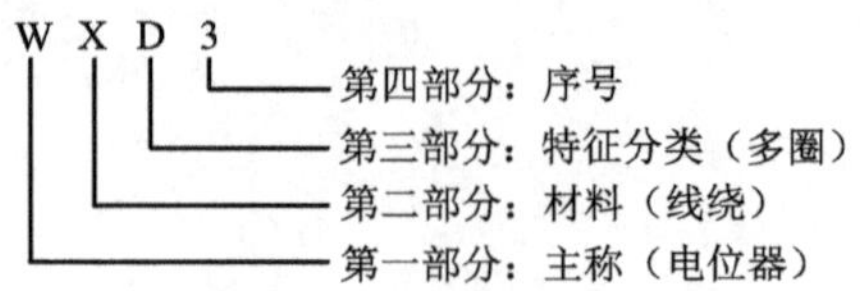

图 2-2　多圈线绕电位器型号命名方法

2．电容型号命名方法

电容型号命名方法如表 2-2 所示。

表 2-2　电容型号命名方法

第一部分：主称		第二部分：材料		第三部分：特征分类						第四部分：序号
符号	意义	符号	意义	符号	意义					
					瓷介	云母	玻璃	电解	其他	
		C	瓷介	1	圆片	非密封	—	箔式	非密封	
		Y	云母	2	管型	非密封	—	箔式	非密封	
		I	玻璃釉	3	叠片	密封	—	烧结粉固体	密封	
		O	玻璃膜	4	独石	密封	—	烧结粉固体	密封	
		Z	纸介	5	穿心	—	—	—	穿心	对主称、材料相同，仅尺寸、性能指标略有不同，但基本不影响互换使用的产品，给予同一序号；若尺寸、性能指标的差别明显影响互换使用时，则在序号后面用大写字母作为区别代号
		J	金属化纸	6	支柱	—	—	—	—	
		B	聚苯乙烯	7	—	—	—	无极性	—	
		L	涤纶	8	高压	高压	—	—	高压	
C	电容	Q	漆膜	9	—	—	—	特殊	特殊	
		S	聚碳酸酯	J	金属膜					
		H	复合介质	W	微调					
		D	铝							
		A	钽							
		N	铌							
		G	合金							
		T	钛							
		E	其他							

例如，铝电解电容型号命名方法如图 2-3 所示，圆片形瓷介电容型号命名方法如图 2-4 所示，纸介金属膜电容型号命名方法如图 2-5 所示。

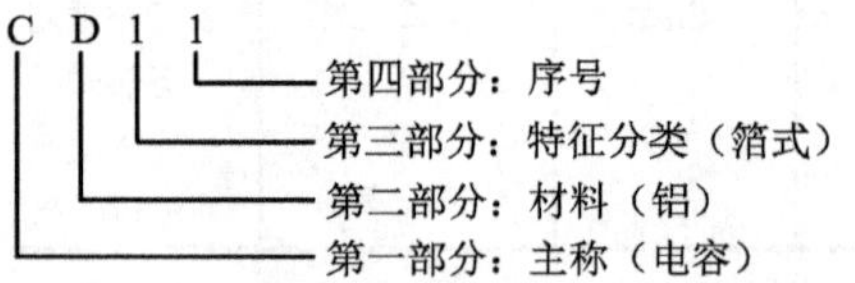

图 2-3　铝电解电容型号命名方法

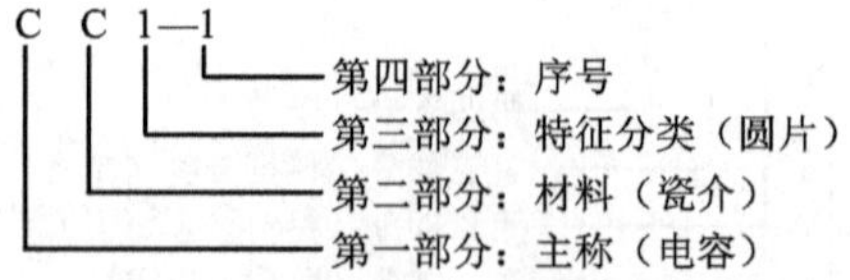

图 2-4　圆片形瓷介电容型号命名方法

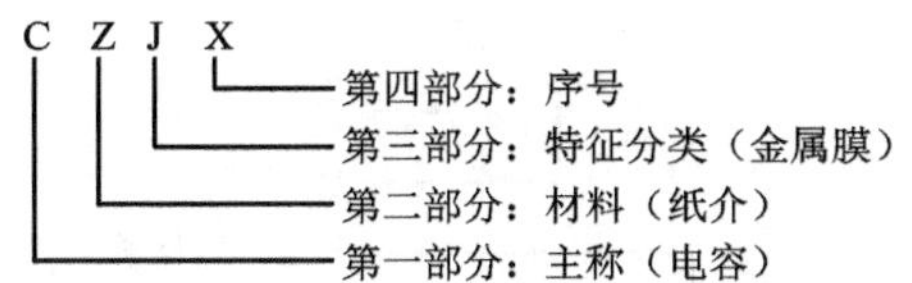

图 2-5 纸介金属膜电容型号命名方法

3．半导体分立器件的命名方法

（1）我国半导体分立器件的命名方法

国产半导体分立器件型号命名方法如表 2-3 所示。

表 2-3 国产半导体分立器件型号命名方法

第一部分		第二部分		第三部分				第四部分	第五部分
用数字表示器件电极的数目		用汉语拼音字母表示器件的材料和极性		用汉语拼音字母表示器件的类型				用数字表示器件序号	用汉语拼音表示规格的区别代号
符号	意义	符号	意义	符号	意义	符号	意义		
2	二极管	A	N 型，锗材料	P	普通管	D	低频大功率管		
		B	P 型，锗材料	V	微波管		(f_a<3 MHz,		
		C	N 型，硅材料	W	稳压管		P_c≥1 W）		
		D	P 型，硅材料	C	参量管	A	高频大功率管		
				Z	整流管		(f_a≥3 MHz,		
3	三极管			L	整流堆		P_c≥1 W）		
				S	隧道管	T	半导体闸流管		
				N	阻尼管	Y	可控硅整流器		
		A	PNP 型，锗材料	U	光电器件	B	体效应器件		
		B	NPN 型，锗材料	K	开关管	J	雪崩管		
		C	PNP 型，硅材料	X	低频小功率管	CS	阶跃恢复管		
		D	NPN 型，硅材料		(f_a<3 MHz,	BT	场效应器件		
		E	化合物材料		P_c<1 W）	FH	半导体特殊器件		
				G	高频小功率管	PIN	复合管		
					(f_a≥3 MHz,		PIN 型管		
					P_c<1 W）	JG	激光器件		

例如，锗材料 PNP 型低频大功率三极管型号命名方法如图 2-6 所示，硅材料 NPN 型高频小功率三极管型号命名方法如图 2-7 所示，N 型硅材料稳压二极管型号命名方法如图 2-8 所示。

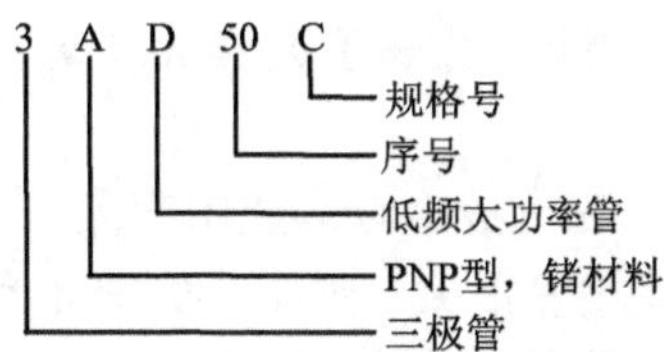

图 2-6 锗材料 PNP 型低频大功率三极管型号命名方法

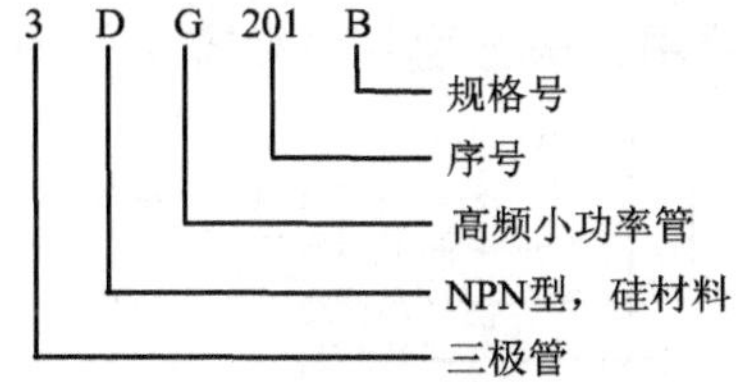

图 2-7 硅材料 NPN 型高频小功率三极管型号命名方法

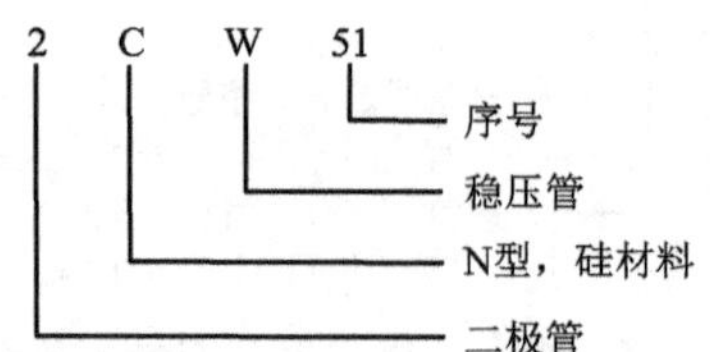

图 2-8　N 型硅材料稳压二极管型号命名方法

（2）国际电子联合会半导体器件型号命名方法

国际电子联合会半导体器件型号命名方法如表 2-4 所示。

表 2-4　国际电子联合会半导体器件型号命名方法

第一部分		第二部分				第三部分		第四部分	
用字母表示使用的材料		用字母表示类型及主要特性				用数字或字母加数字表示登记号		用字母对同型号者分挡	
符号	意义	符号	意义	符号	意义	符号	意义	符号	意义
A	锗材料	A	检波、开关和混频二极管	M	封闭磁路中的霍尔元件	三位数字	通用半导体器件的登记序号（同类型器件使用登记号）	A B C D E …	同型号器件按某参数进行分挡的标志
		B	变容二极管	P	光敏元件				
B	硅材料	C	低频小功率三极管	Q	发光器件				
		D	低频大功率三极管	R	小功率可控硅				
C	砷化镓	E	隧道二极管	S	小功率开关管				
		F	高频小功率三极管	T	大功率可控硅				
D	锑化铜	G	复合器件及其他器件	U	大功率开关管	一个字母加两位数字	专用半导体器件的登记序号（同类型器件使用同登记号）		
		H	磁敏二极管	X	倍增二极管				
R	复合材料	K	开放磁路中的霍尔元件	Y	整流二极管				
		L	高频大功率三极管	Z	稳压二极管即齐纳二极管				

国际电子联合会半导体器件型号命名方法的特点如下。

1）这种命名法被欧洲许多国家采用，因此凡型号以两个字母开头，并且第一个字母是 A、B、C、D 或 R 的晶体管，大都是欧洲制造的产品，或是按欧洲某一厂家专利生产的产品。

2）第一个字母表示材料（A 表示锗管，B 表示硅管），但不表示极性（NPN 型或 PNP 型）。

3）第二个字母表示器件的类别和主要特性，如 C 表示低频小功率三极管，D 表示低频大功率三极管，F 表示高频小功率三极管，L 表示高频大功率三极管等。若记住这些字母的意义，不查手册也可以判断出其类别。

4）第三部分表示登记顺序号。三位数字者为通用产品，一个字母加两位数字者为专用产品，顺序号相邻的两个型号的特性可能相差很大。例如，AC184 为 PNP 型，而 AC185 则为 NPN 型。

5）第四部分表示对同一型号的某一参数（如 h_{FE} 或 NF）进行分挡。

6）型号中的符号均不反映器件的极性（指 NPN 或 PNP），极性的确定需查阅手册或测量。

例如，锗材料高频小功率通用三极管型号命名方法如图 2-9 所示。

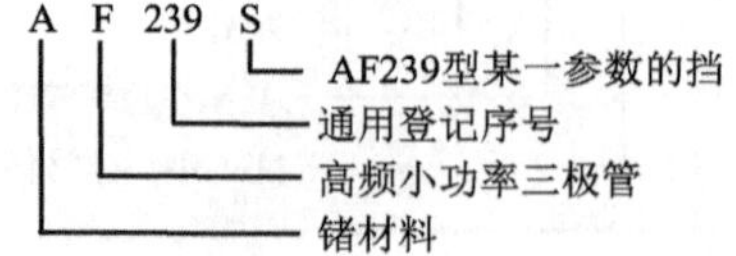

图 2-9　锗材料高频小功率通用三极管型号命名方法

（3）美国半导体器件型号命名方法

美国晶体管或其他国家按美国专利生产的半导体器件的型号命名方法较混乱。这里介绍的是美国半导体器件型号命名方法，即美国电子工业协会（EIA）规定的半导体器件型号的命名方法，如表 2-5 所示。

表 2-5　美国电子工业协会半导体器件型号命名方法

第一部分		第二部分		第三部分		第四部分		第五部分	
用符号表示用途的类型		用数字表示 PN 结的数目		美国电子工业协会（EIA）注册标志		美国电子工业协会（EIA）登记顺序号		用字母表示器件分挡	
符号	意义	符号	意义	符号	意义	符号	意义	符号	意义
JAN 或 J	军用品	1	二极管	N	该器件已在美国电子工业协会注册登记	多位数字	该器件在美国电子工业协会登记的顺序号	A	同一型号的不同挡别
		2	三极管					B	
		3	3 个 PN 结器件					C	
无	非军用品	n	n 个 PN 结器件					D ⋮	

例如，图 2-10 为军用注册三极管，图 2-11 为非军用注册二极管。

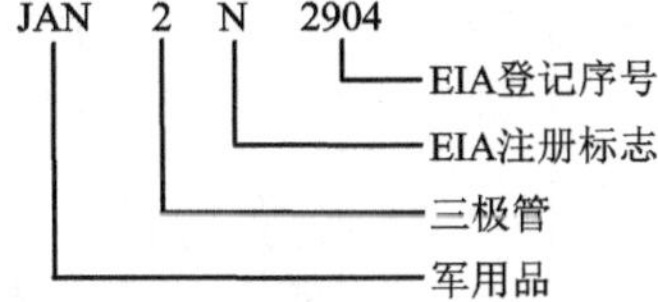

图 2-10　军用注册三极管型号命名方法

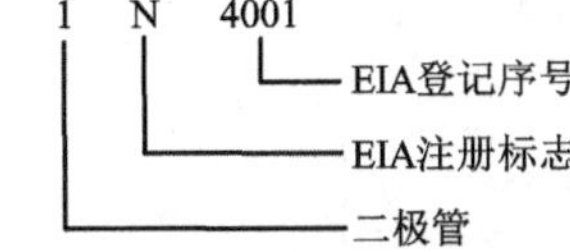

图 2-11　非军用注册二极管型号命名方法

美国电子工业协会半导体器件型号命名方法的特点如下。

1）型号命名法规定较早，未作过改进，型号内容很不完备。对于材料、极性、主要特性和类型，在型号中不能反映出来。例如，2N 开头的既可能是一般晶体管，也可能是场效应管。因此，仍有一些厂家按自己规定的型号命名方法命名。

2）组成型号的第一部分是前缀，第五部分是后缀，中间的三部分为型号的基本部分。

3）除去前缀以外，凡型号以 1N、2N 或 3NLL 开头的晶体管分立器件，大都是美国制造的，或者是按美国专利在其他国家制造的产品。

4）第四部分数字只表示登记序号，而不含其他意义。因此，序号相邻的两器件可能特性相差很大。例如，2N3464 为硅 NPN 高频大功率管，而 2N3465 为 N 沟道场效应管。

5）不同厂家生产的性能基本一致的器件，都使用同一个登记号，同一型号中某些参数的差异常用后缀字母表示。因此，型号相同的器件可以通用。

6）登记序号数大的通常是近期产品。

（4）日本半导体器件型号命名方法

日本半导体器件（包括晶体管）或其他国家按日本专利生产的这类器件，都是按日本工业标准（JIS）规定的命名方法（JIS－C－702）命名的。

日本半导体器件的型号由 5～7 部分组成，通常只用到前五部分。前五部分符号及意义如表 2-6 所示，第六、七部分的符号及意义通常是各公司自行规定的。第六部分的符号表示特殊的用途及特性，常用的符号如下。

M——松下公司用来表示该器件符合日本防卫厅海上自卫队参谋部有关标准的登记产品。

N——松下公司用来表示该器件符合日本广播协会（NHK）有关标准的登记产品。

Z——松下公司用来表示通信专用的可靠性高的器件。

H——日立公司用来表示通信专用的可靠性高的器件。

K——日立公司用来表示通信专用的塑料外壳的可靠性高的器件。

T——日立公司用来表示收发报机用的推荐产品。

G——东芝公司用来表示通信专用的设备制造的器件。

S——三洋公司用来表示通信设备制造专用的器件。

第七部分的符号常被用来作为器件某个参数的分挡标志。例如，三菱公司常用 R、G、Y 等字母，日立公司常用 A、B、C、D 等字母作为直流放大系数 h_{FE} 的分挡标志。

表 2-6　日本半导体器件型号命名方法

第一部分		第二部分		第三部分		第四部分		第五部分	
用数字表示类型或有效电极数		日本电子工业协会（EIAJ）的注册标志		用字母表示器件的极性及类型		用数字表示在日本电子工业协会（EIAJ）登记的顺序号		用字母表示对原来型号的改进产品	
符号	意义	符号	意义	符号	意义	符号	意义	符号	意义
0	光电（即光敏）二极管、晶体管及其组合管	S	表示已在日本电子工业协会（EIAJ）注册登记的半导体器件	A B C D F G H J K M	PNP 型高频管 PNP 型低频管 NPN 型高频管 NPN 型低频管 P 控制极晶闸管 N 控制极晶闸管 N 基极单结晶体管 P 沟道场效应管 N 沟道场效应管 双向晶闸管	多位数字	从 11 开始表示在日本电子工业协会（EIAJ）注册登记的顺序号，不同公司性能相同的器件可以使用同一顺序号，其数字越大越是近期产品	A B C D E F ⋮	表示这一元器件是原型号产品的改进产品
1	二极管								
2	三极管、具有两个以上 PN 结的其他晶体管								
3	具有四个有效电极或具有三个 PN 结的晶体管								
⋮	⋮								
n–1	具有 n 个有效电极或具有 n–1 个 PN 结的晶体管								

例如，图 2-12 为日本收音机中常用的高频放大管，图 2-13 为日本夏普公司 GF—9494 收音机中用的小功率管。

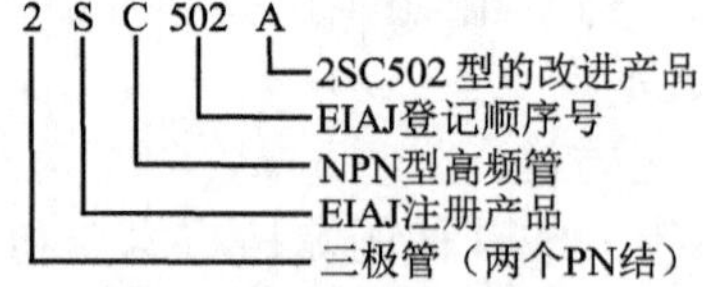

图 2-12　日本收音机中常用的高频放大管

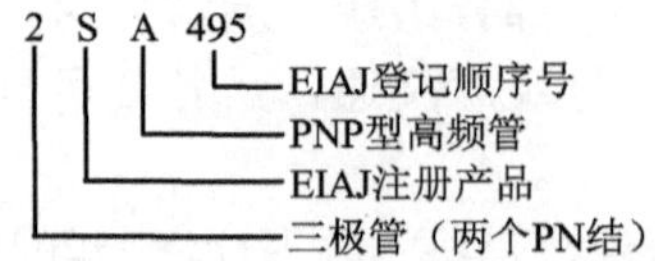

图 2-13　日本夏普公司 GF—9494 收音机中用的小功率管

日本半导体器件型号命名方法的特点如下。

1）型号中的第一部分是数字，表示器件的类型和有效电极数。例如，“1”表示二极管，“2”表示三极管。屏蔽用的接地电极不是有效电极。

2）第二部分均为字母 S，表示日本电子工业协会（EIAJ）注册标志，而不表示材料和极性。

3）第三部分表示极性和类型。例如，A 表示 PNP 型高频管，J 表示 P 沟道场效应管。但是，第三部分既不表示材料，也不表示功率的大小。

4）第四部分只表示在日本电子工业协会（EIAJ）注册登记的顺序号，并不反映器件的性能，顺序号相邻的两个器件的某一性能可能相差很远。例如，2SC2680 型的最大额定耗散功率为 200 mW，而 2SC2681 的最大额定耗散功率为 100 W。登记顺序号能反映产品时间的先后。登记顺序号的数字越大，越是近期产品。

5）第六、七两部分的符号和意义各公司不完全相同。

6）日本有些半导体分立器件的外壳上标记的型号，常采用简化标记的方法，即把 2S 省略。例如，2SD764 简化为 D764，2SC502A 简化为 C502A。

7）在低频管（2SB 和 2SD 型）中，也有工作频率很高的管子。例如，2SD355 的特征频率 f_T 为 100 MHz，所以，它们也可当高频管用。

8）日本通常把 P_{cm}'1W 的管子称为大功率管。

（5）半导体集成电路型号命名方法

半导体集成电路型号命名方法如表 2-7 所示，图 2-14 为半导体集成电路型号命名图例。

表 2-7　半导体集成电路型号命名方法

第一部分		第二部分		第三部分	第四部分		第五部分	
用字母表示器件符合国家标准		用字母表示器件的类型		用阿拉伯数字表示器件的系列和品种代号	用字母表示器件的工作温度范围		用字母表示器件的封装	
符号	意义	符号	意义		符号	意义	符号	意义
C	中国制造	T	TTL	TTL 有： 54/74 系列、 54/74H 系列、 54/74S 系列、 54/74LS 系列、 54/74ALS 系列、 54/74F 系列。 CMOS 有： 4000 系列、 54/74HC 系列、 54/74HCT 系列。	C	0～70 ℃	W	陶瓷扁平
		H	HTL		G	-20～70 ℃	B	塑料扁平
		E	ECL		L	-25～85 ℃	F	全封闭扁平
		C	CMOS		E	-40～85 ℃	D	陶瓷直插
		F	线性放大器				P	塑料直插
		D	音响、电视电路				J	黑陶瓷直插
		W	稳定电压				K	金属菱形
		J	接口电路				T	金属圆形

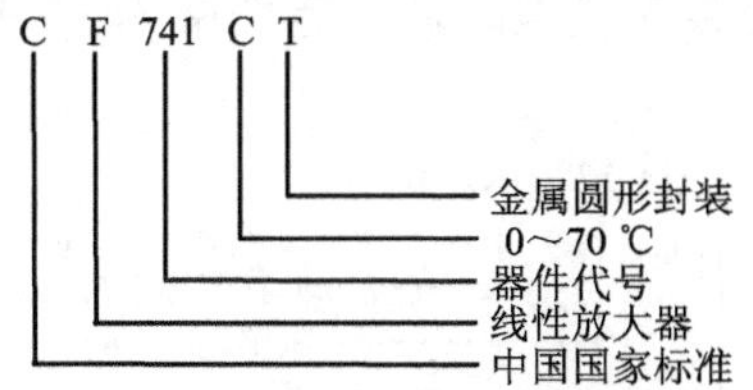

图 2-14　半导体集成电路型号命名图例

2.2 常用电子元器件的识别

1. 电阻

（1）标称阻值

阻值是电阻的主要参数之一。不同类型的电阻，阻值范围不同；不同精度的电阻，阻值系列也不同。根据国家标准，常用的标称阻值系列如表 2-8 所示。E24、E12 和 E6 系列也适用于电位器和电容。

表 2-8 常用的标称阻值系列

标称阻值系列	精度	电阻（Ω）、电位器（Ω）、电容（pF）							
E24	±5%	1.0 2.2 4.7	1.1 2.4 5.1	1.2 2.7 5.6	1.3 3.0 6.2	1.5 3.3 6.8	1.6 3.6 7.5	1.8 3.9 8.2	2.0 4.3 9.1
E12	±10%	1.0 3.3	1.2 3.9	1.5 4.7	1.8 5.6	2.2 6.8	2.7 8.2	—	—
E6	±20%	1.0	1.5	2.2	3.3	4.7	6.8	8.2	—

注：表中数值再乘以 10^n 即为电阻值。其中，n 为正整数或负整数。

（2）精度等级

电阻的精度等级如表 2-9 所示。

表 2-9 电阻值的精度等级

允许误差（%）	±0.001	±0.002	±0.005	±0.01	±0.02	±0.05	±0.1
等级符号	E	X	Y	H	U	W	B
允许误差（%）	±0.2	±0.5	±1	±2	±5	±10	±20
等级符号	C	D	F	G	J（I）	K（II）	M（III）

（3）电阻的标注内容及方法

1）文字符号直标法：用阿拉伯数字和文字符号两者有规律的组合来表示标称阻值、额定功率、允许误差等级等。表示标称阻值的符号前面的数字表示整数阻值，符号后面的数字依次表示第一位小数阻值和第二位小数阻值，其文字符号所表示的单位如表 2-10 所示。例如，1R5 表示 1.5 Ω，2K7 表示 2.7 kΩ。

表 2-10 电阻值文字符号表示的单位

文字符号	R	K	M	G	T
表示单位	欧姆（Ω）	千欧姆（10^3Ω）	兆欧姆（10^6Ω）	吉欧姆（10^9Ω）	太欧姆（10^{12}Ω）

由图 2-15 可知，它是精密金属膜电阻，额定功率为 1/8 W，标称阻值为 5.1 kΩ，允许误差为 ±10%。

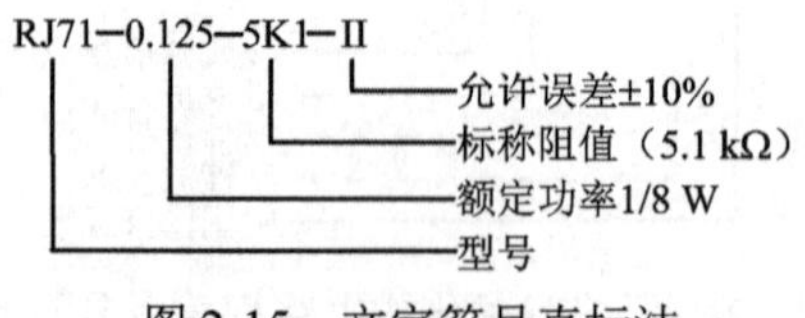

图 2-15 文字符号直标法

2）色标法：色标法是将电阻的类别及主要技术参数的数值用颜色（色环或色点）标注在它的外表面上，如图 2-16 所示。色标电阻（色环电阻）器可分为三环、四环、五环 3 种标法，其含义如图 2-17 和图 2-18 所示。

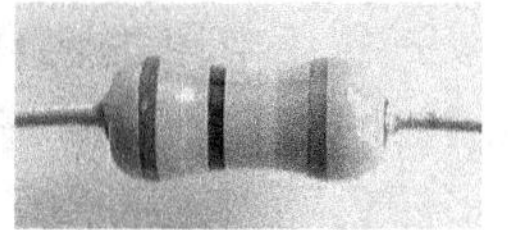

图 2-16　色标电阻

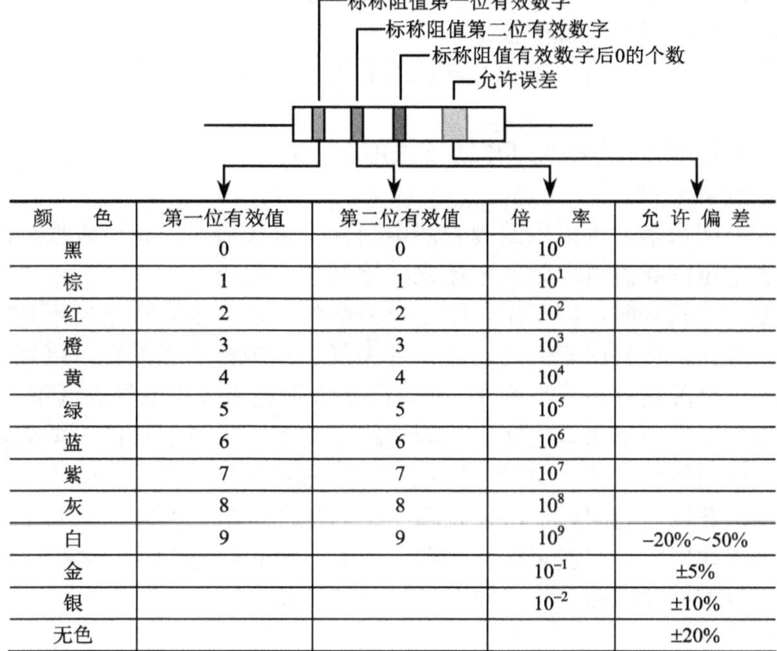

颜　色	第一位有效值	第二位有效值	倍　率	允许偏差
黑	0	0	10^0	
棕	1	1	10^1	
红	2	2	10^2	
橙	3	3	10^3	
黄	4	4	10^4	
绿	5	5	10^5	
蓝	6	6	10^6	
紫	7	7	10^7	
灰	8	8	10^8	
白	9	9	10^9	–20%～50%
金			10^{-1}	±5%
银			10^{-2}	±10%
无色				±20%

图 2-17　两位有效数字阻值的色环表示法

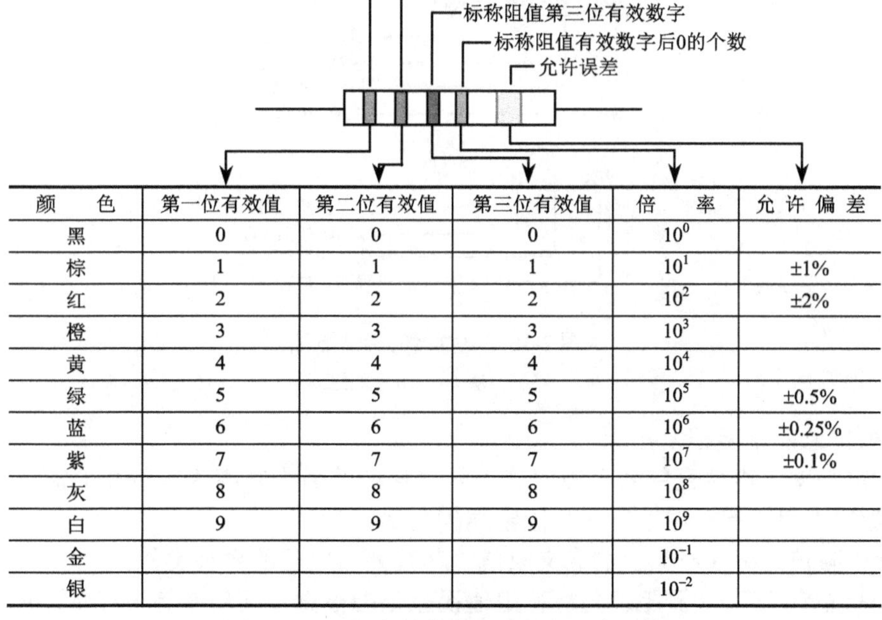

颜　色	第一位有效值	第二位有效值	第三位有效值	倍　率	允许偏差
黑	0	0	0	10^0	
棕	1	1	1	10^1	±1%
红	2	2	2	10^2	±2%
橙	3	3	3	10^3	
黄	4	4	4	10^4	
绿	5	5	5	10^5	±0.5%
蓝	6	6	6	10^6	±0.25%
紫	7	7	7	10^7	±0.1%
灰	8	8	8	10^8	
白	9	9	9	10^9	
金				10^{-1}	
银				10^{-2}	

图 2-18　三位有效数字阻值的色环表示法

三色环电阻的色环表示标称阻值（允许误差均为±20%）。例如，色环为棕黑红，表示 10×10^2 =1kΩ，允许误差为±20%的电阻。

四色环电阻的色环表示标称阻值（两位有效数字）及精度。例如，色环为棕绿橙金，表示 15×10^3=15 kΩ，允许误差为±5%的电阻。

五色环电阻的色环表示标称阻值（三位有效数字）及精度。例如，色环为红紫绿黄棕，表示 2.75 MΩ，允许误差为±1%的电阻。

一般四色环和五色环电阻中表示允许误差的色环离其他环的距离较远，其宽度是其他色环的 1.5～2 倍。

由于厂家生产不规范，有些色环电阻无法用上面的特征判断，这时只能借助万用表判断。

（4）电阻的简易测试

测量电阻的方法很多，可以用欧姆表或电阻电桥直接测量，也可以根据欧姆定律，通过测量电阻两端的电压降和流过电阻的电流来间接测量电阻值。

当测量精度要求较高时，应采用电阻电桥来测量电阻；当测量精度不高时，可直接用欧姆表测量电阻。首先，将万用表的功能选择开关置于欧姆挡适当量程，将红、黑表笔短接，表头指针应指向 0 刻度线处；若不为 0，则要调节欧姆旋钮（即电零点调整电位器）到 0 处。然后把被测电阻接于红、黑表笔之间，从刻度线上直接读出所示数值，再乘以所选量程的倍率，即可得到被测电阻的阻值。每换一次量程都要重新调零一次。

应特别注意，在测量电阻时，不能用双手同时捏住电阻的两端，尤其是测量电阻的阻值时，否则将导入人体电阻。在测量线路中的电阻时，禁止带电测量，需把电阻的一个端头与线路断开，防止引入并联回路。

2．电位器

（1）电位器的一般标注方法

电位器的一般标注方法如图 2-19 所示。

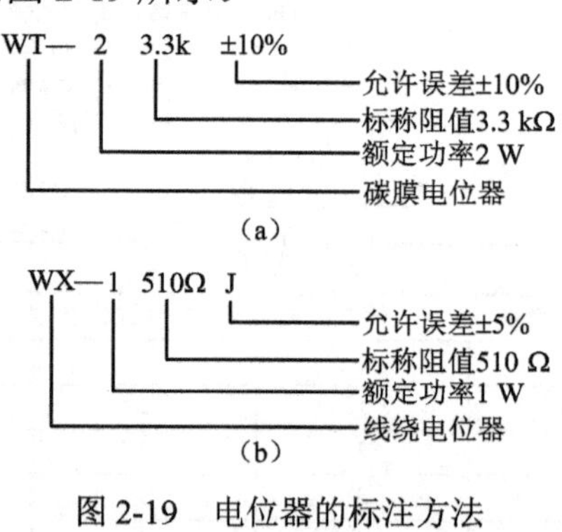

图 2-19 电位器的标注方法

（a）方法一 （b）方法二

（2）电位器的主要技术指标

1）额定功率。电位器的两个固定端上允许耗散的最大功率为电位器的额定功率。使用中应注意额定功率不等于中心抽头与固定端的功率。

2）标称阻值。标在产品上的名义阻值，其系列与电阻的系列类似。

3）允许误差等级。实测阻值与标称阻值误差范围根据不同精度等级可允许±20%、±10%、±5%、±2%、±1%的误差。精密电位器的精度可达 0.1%。

4）阻值变化规律是指阻值随滑动片触点旋转角度（或滑动行程）之间的变化关系。这种变化关系可以是任何函数形式，常用的有直线式、对数式和指数式（反转对数式）。

在使用中，直线式电位器适合作为分压器；指数式（反转对数式）电位器适合作为音响电路音调控制，维修时若找不到同类产品，可用直线式代替，但不宜用对数式代替；对数式电位器只适合作为收音机、录音机、电唱机、电视机中的音量控制等。

3．电容

（1）电容的标注方法

1）直标法。容量单位：F（法拉）、μF（微法）、nF（纳法）和 pF（皮法）。

$1\ \text{F}=10^6\ \mu\text{F}=10^{12}\ \text{pF}$，$1\ \mu\text{F}=10^3\ \text{nF}=10^6\ \text{pF}$，$1\ \text{nF}=10^3\ \text{pF}$。

4n7 表示 4.7 nF 或 4 700 pF。有时用大于 1 的两位以上的数字表示单位为 pF 的电容，如 100 表示 100 pF；用小于 1 的数字表示单位为μF 的电容，如 0.1 表示 0.1 μF。

2）数码表示法。一般用三位数字来表示容量的大小，单位为 pF，前两位为有效数字，后一位表示位率，即乘以 10^i，i 为第三位数字。若第三位数字为 9，则乘 10^{-1}；数字之后的字母表示允许误差。如 223J 代表 22×10^3 pF=22 000 pF=0.22 μF，允许误差为±10%的电容；又如 479K 表示 47×10^{-1} pF，允许误差为±5%的电容。这种表示方法最为常见。

3）色码表示法。这种表示法与电阻的色环表示法类似，颜色涂于电容的一端或从顶端向引线排列。色码一般只有三种颜色，前两环为有效数字，第三环为倍率，单位为 pF。有时色环较宽，如红红橙，即将两个红色环涂成一个宽的红色环，表示 22 000 pF。

（2）电容的简易判别

用万用表的欧姆挡即可简单地测出电解电容的优劣，粗略地辨别其漏电、容量衰减或失效的情况。

具体方法是：根据电容的容量来选择欧姆挡的倍率，一般选用 R ×1k 挡或 R×100 挡。将黑表笔接电容正极，红表笔接电容负极，若表针摆动大且返回慢，返回位置接近∞，说明该电容正常，且电容量大；若表针摆动大，但返回时表针显示的欧姆值较小，说明该电容漏电流较大；若表针摆动大，接近于 0 Ω 刻度线且不返回，说明该电容已被击穿；若表针不摆动，说明该电容开路，电容失效。

电解电容具有极性，所以在电子电路使用中，正负极不能接错。若接反，电解作用会反向进行，氧化膜很快变薄，漏电流急剧增加；如果所加直流电压过大，则电容发热，甚至引起爆炸。还可利用上述办法，根据电容正向连接时漏电电阻大，反向连接时漏电电阻小的特点来进行极性的判别。

该方法也适用于辨别其他类型的电容。如果需对电容再一次测量时，必须将其放电后才能进行。如果要求精确测量，可以采用交流电桥和高频 Q 表来测量。

4．二极管

二极管可以利用万用表的欧姆挡来作简单的判别。根据二极管在作正向连接时其导通电阻值小，作反向连接时二极管截止的原理，可简单判断二极管的好坏和极性。

具体做法是：将万用表欧姆挡置于 R×100 挡或 R×1k 挡，用红、黑表笔正反两次接触二极管两端。若两次表头指示的阻值相差很大，说明二极管单向导电性好，并且阻值小（几十欧左右）的那次黑表笔所接为二极管的正极；若两次指示的阻值相差很小，说明二极管失去单向导电性；若两次指示均很大，则说明二极管是开路。

5．三极管

（1）判断基极 b 和三极管的类型

将万用表欧姆挡置于 R×100 挡或 R×1k 挡。先假设三极管中的某一极为基极 b，并将黑表笔接在假设的基极上，再将红表笔先后接到其余两个电极上。如果两次测得的电阻都很小（或者都很大），约为几百欧姆（或约为几千至几十千欧），而对换表笔后测得两个电阻值都很大（或都很小），则可以确定假设的基极 b 是真正的基极 b，假设是正确的。如果两次测得的电阻值是一大一小，则可以肯定原假设的基极 b 是错误的，这时重新假设另外的一个电极为基极 b，再重复上述的测试，直到找出真正的基极 b。

当基极 b 确定以后，三极管类型也可定下来，用黑笔找基极 b 时，测得的电阻两个都小，那么三极管类型为 NPN 型，反之则为 PNP 型。

（2）判断集电极 c

如果三极管类型是 NPN 型，那么就用黑表笔找集电极 c，在三个极中假设一极为集电集，把黑表笔接到假设的集电极 c 上，红表笔接到假设的发射极 e 上，并用手捏住基极 b 和集电极 c（不能使基极 b 和集电极 c 直接接触），通过人体或外接电阻读出表头所示集电极 c、发射极 e 间的电阻值，然后将红、黑表笔反接重测。若第一次测得的电阻比第二次小，说明原假设成立，黑表笔所接为三极管集电极 c，红表笔所接为三极管发射极 e。因为集电极 c、发射极 e 间电阻值小，通过万用表的电流大，PN 结正向偏置。

还可以根据已测得三极管的结构、基极 b，再调节万用表旋钮到 h_{FE} 挡，选择对应的插孔，把基极 b 引脚插入，另外两引脚分别插入发射极 e 和集电极 c 插孔读数，然后两引脚对调再读数，两次测量值中较大的值表示两引脚与对应发射极 e 和集电极 c 是相符的。因此，可以测得三极管的 β 值和确定发射极 e、基极 b、集电极 c 引脚。

第二篇　基础性实验

第3章　电路实验

实验1　电路元件伏安特性的测试

1．实验目的

1）学会识别常用电路元件的方法。

2）掌握线性电阻及非线性电阻伏安特性的逐点测试法。

3）掌握实验装置直流电工仪表和设备的使用方法。

2．实验仪器

1）可调直流稳压电源（0～10 V），1 台。

2）直流数字毫安表，1 块。

3）直流数字电压表，1 块。

4）二极管（2CP15），1 只。

5）稳压管（2CW51），1 只。

6）线性电阻 1 kΩ，200 Ω，各 1 只。

3．实验原理

任何一个二端元件的特性可用该元件上的端电压 U 与通过该元件的电流 I 之间的函数关系 $I=f(U)$ 来表示，即用 U—I 平面上的一条曲线来表征，这条曲线称为该元件的伏安特性曲线。

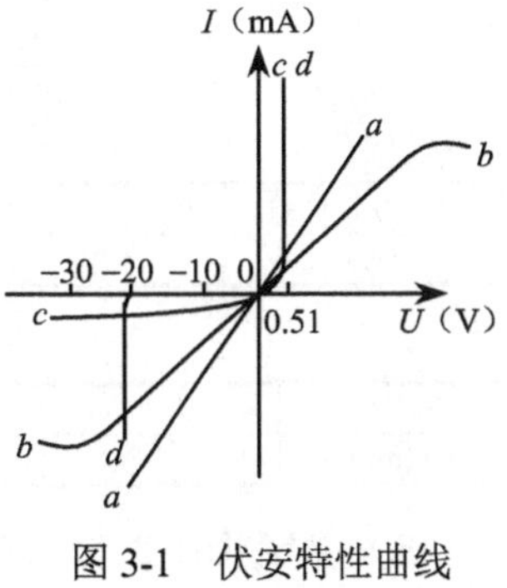

图 3-1　伏安特性曲线

1）线性电阻的伏安特性曲线是一条通过坐标原点的直线，如图 3-1 中直线 a 所示，该直线的斜率等于该电阻的电阻值。

2）一般的白炽灯在工作时灯丝处于高温状态，其灯丝电阻值随着温度的升高而增大。通过白炽灯的电流越大，其温度越高，阻值也越大。一般灯泡的“冷电阻”与“热电阻”的阻值可相差几倍至十几倍，所以它的伏安特性如图 3-1 中的曲线 b 所示。

3）一般的半导体二极管是一个非线性电阻，其特性如图 3-1 中的曲线 c 所示。二极管的正向压降很小（一般的锗管为 0.2～0.3 V，硅管为 0.5～0.7 V），正向电流随正向压降的升高而急骤上升，而反向电压从零一直增加到十至几十伏时，其反向电流增加很小，粗略的可视为零。可见，二极管具有单向导电性。但反向电压加得过高，超过管子的极限值时，会导致管子击穿损坏。注意：测二极管正向伏安特性时，稳压电源输出应由小至大逐渐增加，应时刻注意电流表读数不得超过 25 mA，稳压源输出端切勿碰线短路。

4）稳压二极管是一种特殊的半导体二极管，其正向特性与普通二极管类似，但其反向特性较特别，如图 3-1 中的曲线 *d* 所示。在反向电压开始增加时，其反向电流几乎为零，但当反向电压增加到某一数值（称为管子的稳压值，有各种不同稳压值的稳压管）时，电流将突然增加，以后它的端电压将维持恒定，不再随外加的反向电压升高而增大。

另外，进行不同实验时，应先估算电压和电流值，合理选择仪表的量程，不要使仪表超量程，仪表的极性不可接错。

4．实验内容及步骤

1）测定线性电阻的伏安特性。

按图 3-2 接线，调节直流稳压电源的输出电压 *U*，从 0 V 开始缓慢地增加，一直到 10 V，记下相应的电压表和电流表的读数，填入表 3-1 中。

表 3-1　线性电阻的伏安特性

U（V）	0	2	4	6	8	10
I（mA）						

2）测定二极管的伏安特性。

按图 3-3 接线，*R* 为限流电阻，测二极管 VD 的正向特性时，其正向电流不得超过 25 mA，正向压降可在 0～0.75 V 取值，特别是在 0.5～0.75 V 更应多取几个测量点。作反向特性实验时，只需将图 3-3 中的二极管 VD 反接，且其反向电压可加到 30 V 左右。将测量值填入表 3-2 和表 3-3 中。

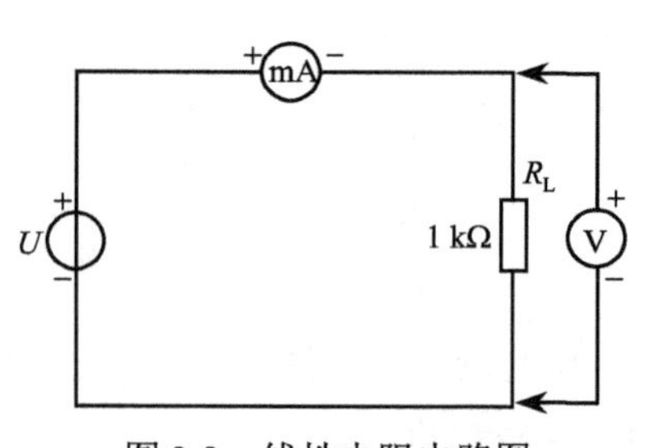

图 3-2　线性电阻电路图

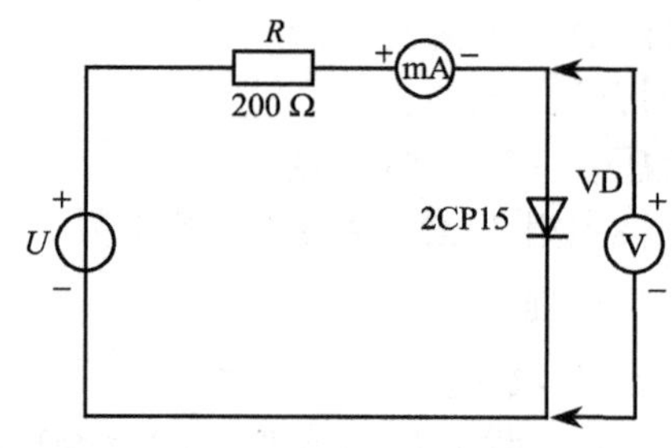

图 3-3　二极管电路图

表 3-2　二极管正向伏安特性实验数据

U（V）	0	0.2	0.4	0.5	0.55	0.6	0.65	0.7	0.75
I（mA）									

表 3-3　二极管反向伏安特性实验数据

U（V）	0	−5	−10	−15	−20	−25	−30
I（mA）							

3）测定稳压二极管的伏安特性。

只要将图 3-3 中的二极管换成稳压二极管，重复实验内容 2）的测量步骤即可。将测量结果填入表 3-4 和表 3-5 中。

表 3-4　稳压二极管正向伏安特性实验数据

U（V）									
I（mA）									

表 3-5　稳压二极管反向伏安特性实验数据

U（V）									
I（mA）									

5．实验报告及思考题

1）线性电阻与非线性电阻的概念是什么？电阻与二极管的伏安特性有何区别？

2）设某元件伏安特性曲线的函数式为 $I=f(U)$，试问在逐点绘制曲线时，其坐标变量应如何放置？

3）稳压二极管与普通二极管有何区别，前者的用途是什么？

4）根据各实验结果数据，分别在坐标纸上绘制出光滑的伏安特性曲线。其中，二极管和稳压管的正、反向伏安特性曲线要画在同一张图中，正、反向电压可取为不同的比例尺。

5）根据实验结果，总结、归纳各被测元件的特性。

6）进行必要的误差分析。

实验 2　叠加原理的验证

1．实验目的

验证线性电路叠加原理的正确性，从而加深对线性电路的叠加性和齐次性的认识和理解。

2．实验仪器

1）直流稳压电源（+6 V、+12 V 切换），1 台。

2）可调直流稳压电源（0～10 V），1 台。

3）直流数字电压表，1 块。

4）直流数字毫安表，1 块。

3．实验原理

叠加原理指出：在有几个独立源共同作用下的线性电路中，通过每一个元件的电流或其两端的电压，可以看成是由每一个独立源单独作用时在该元件上所产生的电流或电压的代数和。

线性电路的齐次性是指当激励信号（某独立源的值）增加或减小 K 倍时，电路的响应（即在电路其他各元件上所产生的电流和电压值）也将增加或减小 K 倍。

4．实验内容及步骤

实验电路如图 3-4 所示。

1）按图 3-4 电路接线，U_1 为+6 V、+12 V 切换电源，取 U_1=+12 V，U_2 为可调直流稳压电源，调至+6 V。

2）令 U_1 电源单独作用（将开关 S_1 投向 U_1 侧，开关 S_2 投向短路侧），用直流数字电压表和毫安表（接电流插头）测量各支路电流及各电阻元件两端电压，数据记入表 3-6。测量时应注意仪表量程的及时更换和仪表的极性。

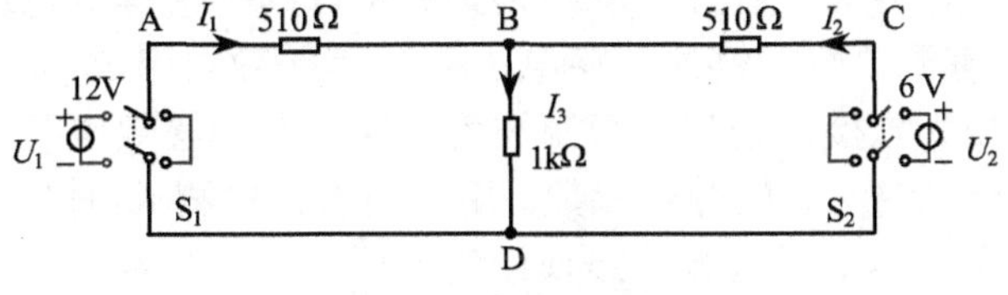

图 3-4　实验电路图

表 3-6 数据记录

测量项目 / 实验内容	U_1（V）	U_2（V）	I_1（mA）	I_2（mA）	I_3（mA）	U_{AB}（V）	U_{BC}（V）	U_{CD}（V）	U_{DA}（V）	U_{BD}（V）
U_1单独作用										
U_2单独作用										
U_1、U_2共同作用										
$2U_2$单独作用										

3）令 U_2 电源单独作用（将开关 S_1 投向短路侧，开关 S_2 投向 U_2 侧），重复上述的测量和记录。

4）令 U_1 和 U_2 共同作用（开关 S_1 和 S_2 分别投向 U_1 和 U_2 侧），重复上述的测量和记录。

5）将 U_2 的数值调至+12 V，重复上述三项的测量并记录。

5．实验报告及思考题

1）叠加原理中，U_1、U_2 分别单独作用，在实验中应如何操作？可否直接将不作用的电源（U_1 或 U_2）置零（短接）？

2）实验电路中，若有一个电阻改为二极管，试问叠加原理的叠加性与齐次性还成立吗？为什么？

3）根据实验数据验证线性电路的叠加性与齐次性。

4）各电阻所消耗的功率能否用叠加原理计算？试用上述实验数据，进行计算并作结论。

实验 3　戴维宁定理

1．实验目的

1）验证戴维宁定理的正确性。

2）掌握测量有源二端网络等效参数的一般方法。

2．实验仪器

1）可调直流稳压电源（0～10 V），1 台。

2）可调直流恒流源（0～200 mA），1 台。

3）直流数字电压表，1 块。

4）直流数字毫安表，1 块。

5）万用表，1 块。

6）电位器（1 kΩ/1 W），1 只。

3．实验原理

1）任何一个线性含源网络，如果仅研究其中一条支路的电压和电流，则可将电路的其余部分看成一个有源二端网络（或称为含源一端口网络）。

戴维宁定理指出：任何一个线性有源网络，总可以用一个等效电压源来代替，此电压源的电动势 U_s 等于这个有源二端网络的开路电压 U_{oc}，其等效内阻 R_0 等于该网络中所有独立源均置零（理想电压源视为短接，理想电流源视为开路）时的等效电阻。

U_{oc} 和 R_0 称为有源二端网络的等效参数。用万用表直接测 R_0 时，网络内的独立源必须先置零，以免损坏万用表；其次，欧姆挡必须经调零后再进行测量。

2）有源二端网络等效参数的测量有以下几种方法。测量时应注意电流表量程的更换，且改接线路一定要关掉电源。

① 开路电压、短路电流法：在有源二端网络输出端开路时，用电压表直接测其输出端的开路电压 U_{oc}，然后再将其输出端短路，用电流表测其短路电流 I_{sc}，则内阻为

$$R_0=\frac{U_{oc}}{I_{sc}}$$

② 伏安法：用电压表、电流表测出有源二端网络的外特性如图 3-5 所示。根据外特性曲线求出斜率 $\tan\varphi$，则内阻为

$$R_0=\tan\varphi=\frac{\Delta U}{\Delta I}=\frac{U_{oc}}{I_{sc}}$$

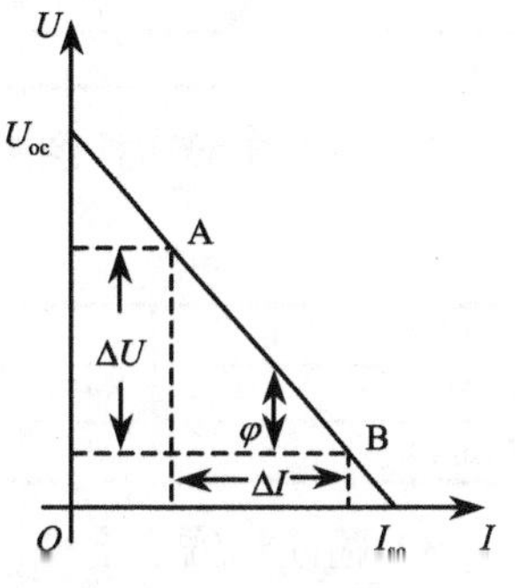

图 3-5　有源二端网络外特性

用伏安法，主要是测量开路电压及电流为额定值 I_n 时的输出端电压值 U_n，则内阻为

$$R_0=\frac{U_{oc}-U_n}{I_n}$$

若二端网络的内阻值很低，则不宜测其短路电流。

③ 半电压法：如图 3-6 所示，当负载电压为被测网络开路电压的一半时，负载电阻（由电阻箱的读数确定）即为被测有源二端网络的等效内阻值。

④ 零示法：在测量具有高内阻有源二端网络的开路电压时，用电压表进行直接测量会造成较大的误差，为了消除电压表内阻的影响，往往采用零示测量法，如图 3-7 所示。

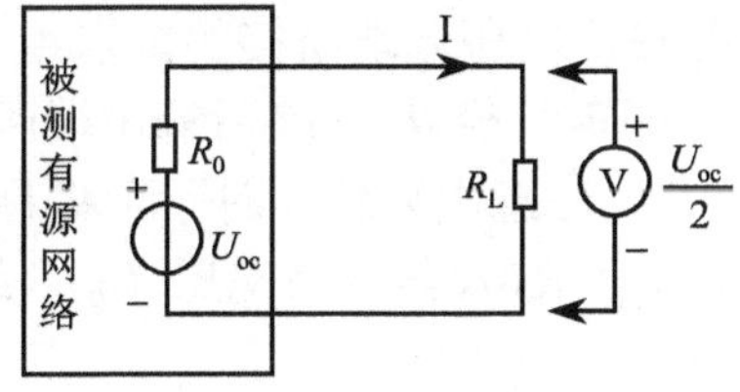

图 3-6　半电压法测试电路

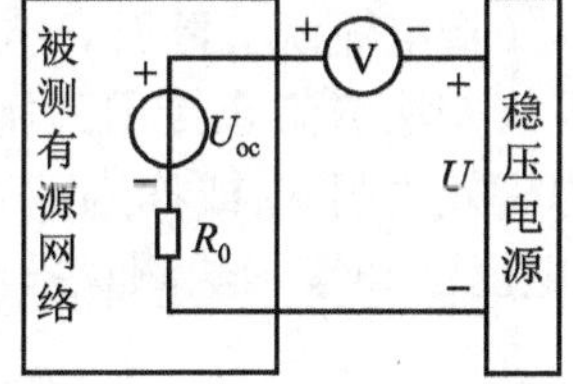

图 3-7　零示法测试电路

零示法测量原理是用一低内阻的稳压电源与被测有源二端网络进行比较，当稳压电源的输出电压与有源二端网络的开路电压相等时，电压表的读数将为“0”，然后将电路断开，测量此时稳压电源的输出电压，即为被测有源二端网络的开路电压。

4．实验内容及步骤

被测有源二端网络如图 3-8（a）所示。

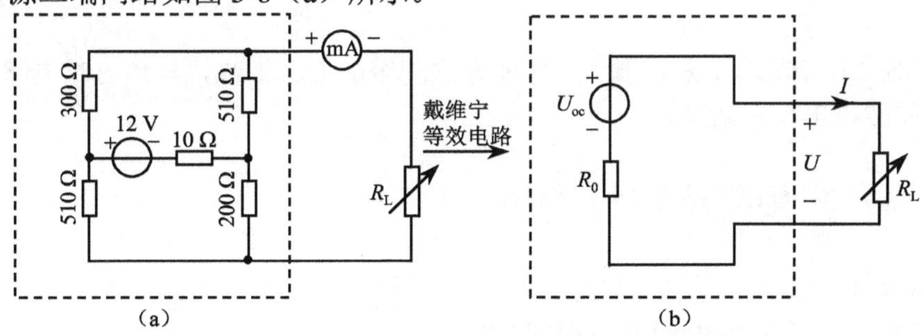

图 3-8　有源二端网络
（a）电路图　（b）等效图

1）用开路电压、短路电流法测定戴维宁等效电路的 U_{oc} 和 R_0。

按图 3-8（a）接入稳压电源 U_s 和恒流源 I_s 及可变电阻箱 R_L，测定 U_{oc} 和 R_0 并填入表 3-7 中。

表 3-7 开路电压、短路电流法测试数据

U_{oc}（V）	I_{sc}（mA）	$R_0=U_{oc}/I_{sc}$（Ω）

2）负载实验。按图 3-8（a）改变 R_L 的阻值，测量有源二端网络的外特性，填入表 3-8 中。

表 3-8 有源二端网络的外特性测试数据

R_L（Ω）	0							∞
U（V）								
I（mA）								

3）验证戴维宁定理。用一只 1 kΩ的电位器，将其阻值调整到等于按步骤 1 所得的等效电阻 R_0 之值，然后令其与直流稳压电源（调到步骤 1）时所测得的开路电压 U_{oc} 之值相串联，如图 3-8（b）所示，按步骤 2）测其外特性，对戴维宁定理进行验证，并将数据填入表 3-9 中。

表 3-9 验证戴维宁定理测试数据

R_L（Ω）	0							∞
U（V）								
I（mA）								

4）测定有源二端网络等效电阻（又称入端电阻）的其他方法：将被测有源网络内的所有独立源置零（将电流源 I_s 断开，去掉电压源，并在原电压源端所接的两点用一根短路导线相连），然后用伏安法或者直接用万用表的欧姆挡去测定负载 R_L 开路后输出端两点间的电阻，即被测网络的等效内阻 R_0 或称为网络的入端电阻 R_i。注意电源置零时不可将稳压源短接。

5）用半电压法和零示法测量被测网络的等效内阻 R_0 及其开路电压 U_{oc}，线路及数据表格自拟。

5．实验报告及思考题

1）在求戴维宁等效电路时，作短路实验，测 I_{sc} 的条件是什么？在本实验中可否直接作负载短路实验？请在实验前对线路 3-8（a）预先作好计算，以便调整实验线路，保证测量时可准确地选取电表的量程。

2）说明测有源二端网络开路电压及等效内阻的几种方法，并比较其优缺点。

3）根据步骤 2）和步骤 3），分别绘出曲线，验证戴维宁定理的正确性，并分析产生误差的原因。

4）将步骤 1）、步骤 4）和步骤 5）几种方法测得的 U_{oc} 及 R_0，与预习时电路计算的结果进行比较，你能得出什么结论？

实验 4 RC 选频网络特性测试

1．实验目的

1）熟悉文氏电桥电路的结构特点及其应用。

2）学会用交流毫伏表和示波器测定文氏电桥电路的幅频特性和相频特性。

2．实验仪器

1）函数信号发生器，1 台。

2）双踪示波器，1 台。

3）交流毫伏表，1 块。

3．实验原理

文氏电桥电路是一个 RC 串并联电路，如图 3-9 所示。该电路结构简单，被广泛用于低频振荡电路中，作为选频环节，可以获得高纯度的正弦波电压。

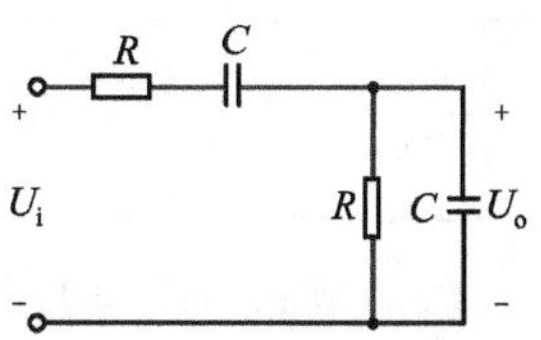

图 3-9　文氏电桥电路

1）用函数信号发生器的正弦输出信号作为图 3-9 的激励信号 U_i，并在 U_i 值保持不变的情况下，改变输入信号的频率 f。用交流毫伏表或示波器测出输出端相应于各个频率点的输出电压 U_o 的值，将这些数据画在以频率 f 为横轴，U_o 为纵轴的坐标纸上，用一条光滑的曲线连接这些点，即为此电路的幅频特性曲线。由于信号源内阻的影响，注意在调节输出频率时应同时调节输出幅度，使实验电路的输入电压保持不变。

文氏电桥电路的一个特点是其输出电压幅度不仅会随输入信号的频率而变，而且还会出现一个与输入电压同相位的最大值，如图 3-10 所示。

分析得知，该网络的传递函数

$$\beta=\frac{1}{3+\mathrm{j}(\omega RC-\dfrac{1}{\omega RC})}$$

当角频率 $\omega=\omega_0=\dfrac{1}{RC}$，即 $f=f_0=\dfrac{1}{2\pi RC}$ 时，$|\beta|=\dfrac{U_o}{U_i}=\dfrac{1}{3}$，且此时 U_o 与 U_i 同相位。f_0 称为电路的固有频率。

由图 3-10 可知，RC 串并联电路具有带通特性。

2）将上述电路的输入和输出分别接到双踪示波器的 Y_A 和 Y_B 两个输入端，改变输入正弦信号的频率，观测相应的输入和输出波形间的时延 τ 及信号的周期 T，则两波形间的相位差为

$$\varphi=\frac{t}{T}\times 360°=\varphi_o-\varphi_i$$

将各个不同频率下的相位差φ测出，即可绘出被测电路的相频特性曲线，如图 3-11 所示。

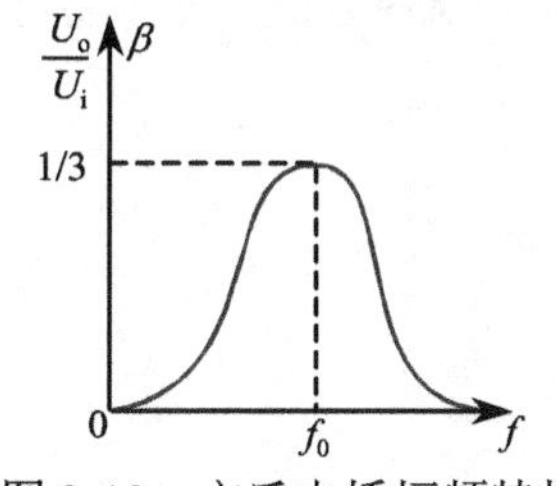

图 3-10　文氏电桥幅频特性

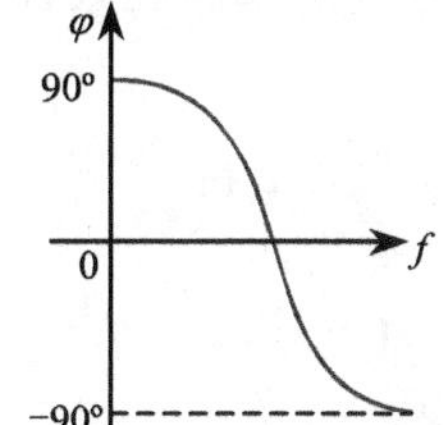

图 3-11　文氏电桥相频特性

4．实验内容及步骤

（1）测量 RC 串并联电路的幅频特性

1）在实验板上按图 3-9 所示接线，选取一组参数（如 R=1 kΩ，C=0.1 μF）。

2）调节信号源输出电压为 3 V 的正弦信号，按图 3-9 接入输入端。

3）改变信号源的频率 f（由频率计读得），并保持 U_i=3 V 不变，测量输出电压 U_o（可先

测量β=1/3 时的频率f_0，然后再在f_0左右设置其他频率点测量U_o）并将其记入表 3-10 中。

4）再选另外一组参数（如 R=200 Ω，C=2 μF），重复测量一组数据，并将其记入表 3-10 中。

表 3-10　幅频特性测试数据

f（Hz）			
U_o（V）	R=1 kΩ，C=0.1 μF		
	R=200 Ω，C=2 μF		

（2）测量 RC 串并联电路的相频特性

按实验原理说明 2）的内容、方法步骤进行，选定两组电路参数进行测量，并将测量结果记入表 3-11 中。

表 3-11　相频特性测试数据

f（Hz）					
T（ms）					
R=1 kΩ C=0.1 μF	τ（ms）				
	φ				
R=200 Ω C=2 μF	τ（ms）				
	φ				

5．实验报告及思考题

1）根据电路参数，估算电路取两组参数时的固有频率f_0。

2）推导 RC 串并联电路的幅频、相频特性的数学表达式。

3）根据实验数据，绘制幅频特性和相频特性曲线。找出最大值，并与理论计算值比较。

4）讨论实验结果。

实验 5　*RLC* 串联谐振电路

1．实验目的

1）学习用实验方法测试 RLC 串联谐振电路的幅频特性曲线。

2）加深理解电路发生谐振的条件和特点，掌握电路品质因数的物理意义及其测定方法。

2．实验仪器

1）函数信号发生器，1 台。

2）交流毫伏表，1 块。

3）双踪示波器，1 台。

4）频率计，1 块。

注：本实验的 L 约为 30 mH。

3．实验原理

1）在图 3-12 所示的 RLC 串联电路中，当正弦交流信号源的频率f改变时，电路中的感抗、容抗随之而变，电路中的电流也随f而改变。取电路电流 I 作为响应，当输入电压 U_i 维持不变时，在不同信号频率的激励下，测出 R 两端的电压 U_o 之值，则 $I=U_o/R$，然后以f为横坐标，以 I 为纵坐标，绘出光滑的曲线，即为幅频特性，亦称电流谐振曲线，如图 3-13 所示。

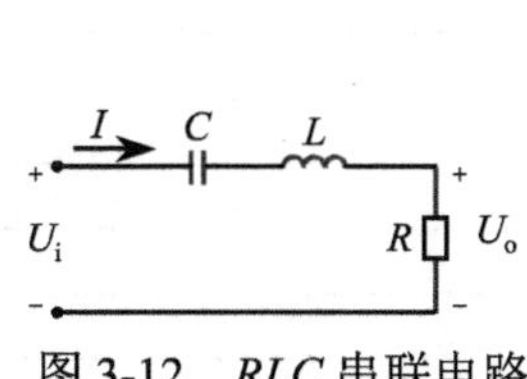

图 3-12　*RLC* 串联电路

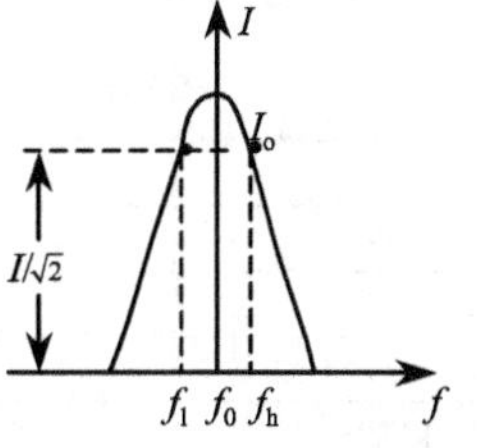

图 3-13　幅频特性曲线

2）在 $f=f_0=\frac{1}{2}\pi\sqrt{LC}$ 处（$X_L=X_C$）为幅频特性曲线尖峰所在的频率点，该频率称为谐振频率。此时电路呈纯阻性，电路阻抗的模最小，在输入电压 U_i 为定值时，电路中的电流 I 达到最大值，且与输入电压 U_i 同相位。从理论上讲，此时 $U_i=U_R=U_o$，$U_L=U_C=QU_i$。其中，Q 称为电路的品质因数。

3）电路品质因数 Q 值的两种测量方法。

① 根据公式：

$$Q=\frac{U_L}{U_i}=\frac{U_C}{U_i}$$

其中，U_C 与 U_L 分别为谐振时电容 C 和电感线圈 L 上电压的有效值。

② 通过测量谐振曲线的通频带宽度$\Delta f=f_h-f_l$，再根据

$$Q=\frac{f_0}{f_h-f_l}$$

其中，f_0 为谐振频率，f_h 和 f_l 是失谐时幅度下降到最大值的 $1/\sqrt{2}$（≈0.707）时的上、下频率点。

Q 值越大，曲线越尖锐，通频带越窄，电路的选择性越好。在恒压源供电时，电路的品质因数、选择性与通频带只决定于电路本身的参数而与信号源无关。

4．实验内容及步骤

1）按图 3-14 接线，取 C=2 200 pF，R=510 Ω，调节信号源输出电压为 1 V 的正弦信号，并在整个实验过程中保持不变。

2）找出电路的谐振频率 f_0。将交流毫伏表跨接在电阻 R 两端，令信号源的频率由小逐渐变大（注意要维持信号源的输出幅度不变），当 U_o 的读数为最大值时，频率计上的频率值即为电路的谐振频率 f_0。测量 U_o、U_L、U_C 的值，并将其记入表 3-12 中。最后，计算出 Q 值。

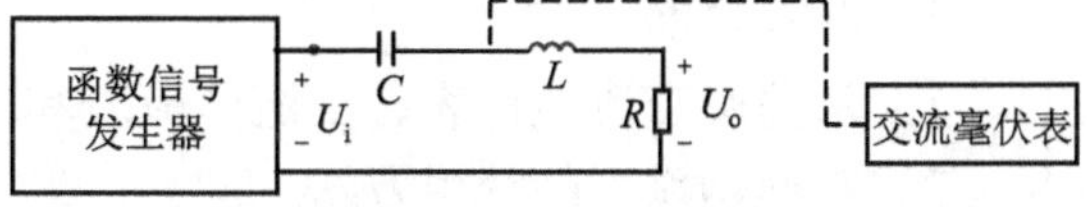

图 3-14　实验电路图

表 3-12　*RLC* 谐振实验测试数据（一）

R（kΩ）	f_0（kHz）	U_o（V）	U_L（V）	U_C（V）	I（mA）	Q
0.5						
1.5						

实验过程中交流毫伏表电源线采用两线插头。测量 U_C 和 U_L 时，应及时更换毫伏表的量程，毫伏表的“+”端接 C 与 L 的公共点，接地端分别接触 L 和 C 的近地端。且实验时，电感 L 用 30 mH。

3）在谐振点两侧，先测出下限频率 f_l 和上限频率 f_h 及相对应的 U 值，然后再逐点测出

不同频率下的 U_o 值，并记入表 3-13 中。

表 3-13　*RLC* 谐振实验测试数据（二）

R（kΩ）	*f*	
0.51	*f*（kHz）	
	U_R（V）	
	I（mA）	
1.5	*f*（kHz）	
	U_R（V）	
	I（mA）	

4）取 *C*=6 800 pF，*R*=2.2 kΩ，重复步骤 2）和步骤 3）的测量过程。

5．实验报告及思考题

1）根据实验电路板给出的元件参数值，估算电路的谐振频率。

2）改变电路的哪些参数可以使电路发生谐振，电路中 *R* 的数值是否影响谐振频率值？

3）如何判别电路是否发生谐振？测试谐振点的方案有哪些？

4）电路发生串联谐振时，为什么输入电压不能太大？如果信号源给出 1 V 的电压，电路谐振时，用交流毫伏表测 U_L 和 U_C，应该选择多大的量程？

5）要提高 *RLC* 串联电路的品质因数，电路参数应如何变化？

6）谐振时，输出电压 U_o 与输入电压 U_i 是否相等？试分析原因。

7）谐振时，对应的 U_C 与 U_L 是否相等？如有差异，原因是什么？

8）根据测量数据，绘出 *Q* 取不同值时的幅频特性曲线。

9）计算出通频带与 *Q* 值，说明 *R* 取不同值时对电路通频带与品质因数的影响。

10）对测量 *Q* 值的两种不同的方法进行比较，分析误差原因。

11）通过本次实验，总结归纳串联谐振电路的特性。

实验 6　用三表法测量交流电路等效参数

1．实验目的

1）掌握用交流电压表、交流电流表和功率表测量元件的交流等效参数的方法。

2）掌握功率表的使用方法。

2．实验仪器

1）交流电压表，1 台。

2）交流电流表，1 台。

3）功率表，1 台。

4）自耦调压器，1 台。

5）电感线圈（15 W 日光灯配用），1 只。

6）电容（4.7 μF/500 V），1 只。

7）白炽灯（15 W/220 V），3 只。

3．实验原理

1）正弦交流激励下的元件值或阻抗值，可以用交流电压表、交流电流表和功率表分别测量出元件两端的电压 *U*、流过该元件的电流 *I* 和它所消耗的功率 *P*，然后通过计算得到所求的值，这种方法称为三表法，是用以测量 50 Hz 交流电路参数的基本方法。

计算的基本公式如下。

阻抗的模

$$|Z| = \frac{U}{I}$$

电路的功率因数

$$\cos\varphi = \frac{P}{UI}$$

等效电阻

$$R = \frac{P}{I^2} = |Z|\cos\varphi$$

等效电抗

$$X = |Z|\sin\varphi$$

或

$$X = X_{\rm L} = 2\pi fL$$

$$X = X_{\rm C} = \frac{1}{2\pi fC}$$

2）通常以在被测元件两端并联电容或串联电容来判别阻抗的性质，其方法与原理如下。

① 在被测元件两端并联一只适当容量的试验电容，若串联接在电路中的电流表的读数增大，则被测阻抗为容性，反之，则为感性。

图 3-15（a）中，Z 为待测定的元件，C'为试验电容。图 3-15（b）是图 3-15（a）的等效电路图，其中，G 和 B 为待测阻抗 Z 的电导和电纳，B'为并联电容 C'的电纳。在端电压有效值不变的条件下，按下面两种情况分别进行分析：

设 $B+B'=B''$，若 B' 增大，B''也增大，则电路中电流 I 将单调上升，则 B 为容性元件；

设 $B+B'=B''$，若 B' 增大，B''先减小而后再增大，电流 I 也是先减小后增大，如图 3-16 所示，则 B 为感性元件。

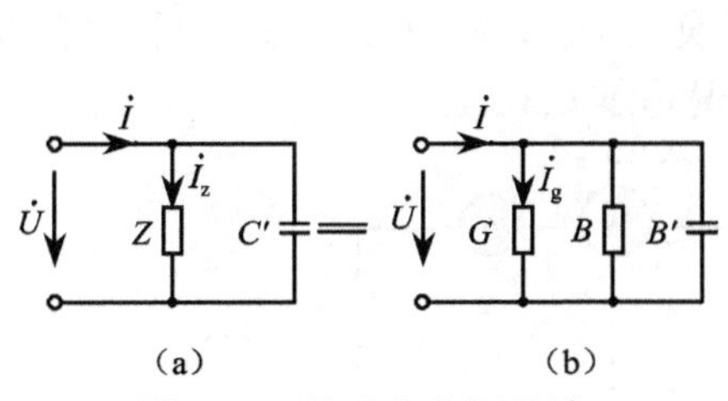

图 3-15　并联电容测量法

（a）并联电容电路　（b）等效电路图

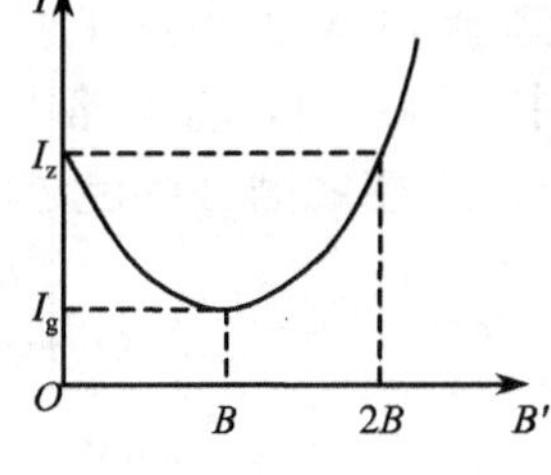

图 3-16　I—B'关系曲线

由此可见，当 B 为容性元件时，对并联电容 C'值无特殊要求；当 B 为感性元件时，只有 $B'<|2B|$才有判定为感性的意义。$B'>|2B|$时，电流单调上升，与 B 为容性时相同，并

不能说明电路是感性的。因此，$B'<|2B|$是判断电路性质的可靠条件，即

$$C' < \left|\frac{2B}{\omega}\right|$$

② 给被测元件串联一个适当容量的实验电容，若被测阻抗的端电压下降，则被测元件判为容性；反之，则为感性。判定条件为

$$\frac{1}{\omega C'} < |2X|$$

其中，X为被测阻抗的电抗值，C'为串联实验电容值。此关系式可自行证明。

判断待测元件的性质，除上述借助于实验电容 C' 测定法外，还可以利用该元件电流、电压间的相位关系。若 I 超前于 U，则为容性；反之，则为感性。

3）功率表的结构、接线与使用方法。功率表（又称为瓦特表）是一种动圈式仪表，其电流线圈与负载串联（两个电流线圈可串联也可并联，因而可得两个电流量程），电压线圈与负载并联。电压线圈可以与电源并联使用，也可和负载并联使用，即为并联电压线圈的前接法与后接法。后接法测量会使读数产生较大的误差，因为并联电压线圈所消耗的功率也计入了功率表的读数之中。图 3-17 是功率表并联电压线圈前接法的外部连接线路。

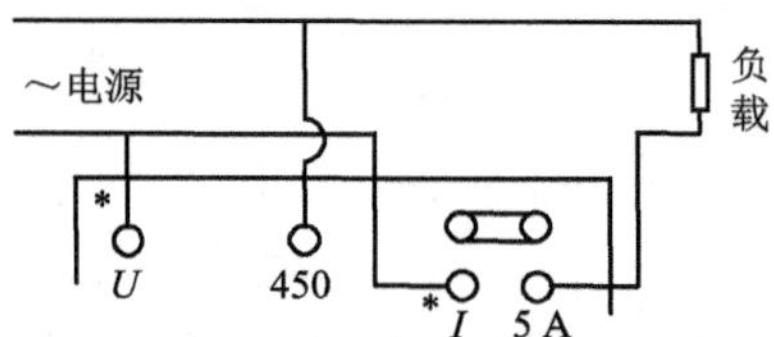

图 3-17　功率表并联电压线圈前接法

功率表不能单独使用，一定要有电压表和电流表监测，使电压表和电流表的读数不超过功率表中电压和电流的量程。本实验直接用市电 220 V 交流电源供电，实验中应特别注意人身安全，不可用手直接触摸通电线路的裸露部分，以免触电。进入实验室应穿绝缘鞋。合上开关前，应确定引入的三相交流电压为最小。实验时使引入的电压从零开始逐渐升高，每次改接实验线路或实验完毕都必须先断开开关再拆线。必须严格安全操作规程。

4．实验内容及步骤

1）按图 3-18 接线，并经指导教师检查无误后，方可接通电源。

2）分别测量 15 W 白炽灯（R）、15 W 日光灯镇流器（L）和 4.7 μF 电容的等效参数，并记入表 3-14 中。测量时，将电路中的 Z 分别换成 15 W 白炽灯、15 W 日光灯镇流器、4.7 μF 电容分别测量，电感线圈 L 中流过的电流不得超过 0.3 A。

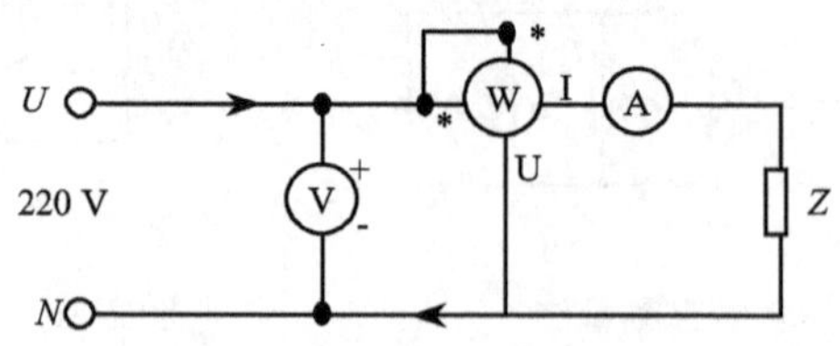

图 3-18　功率表的使用实验电路

3）测量 LC 串联与并联后的等效参数，将图 3-18 中的 Z 接镇流器，分别测量镇流器电感并联电容量 4.7 μF 和串联电容 4.7 μF 的参数，并记入表 3-14 中。

表 3-14 三表法测量交流电路等效参数测试数据

被测阻抗	测量值			计算值			电路等效参数		
	U（V）	I（A）	P（W）	$\cos\varphi$	Z（Ω）	$\cos\varphi$	R（Ω）	L（mH）	C（μF）
15 W 白炽灯（R）									
15W 日光灯镇流器（L）									
电容 C									
L 与 C 串联									
L 与 C 关联									

4）用并接实验电容的方法来判别 LC 串联和并联后阻抗的性质。

5）观察并测定功率表电压并联线圈前接法与后接法对测量结果的影响。

5．实验报告及思考题

1）在 50 Hz 的交流电路中，已知一只铁芯线圈的 P、I 和 U，如何计算它的阻值及电感量？

2）如何用串联电容的方法来判别阻抗的性质？试用 I 随 X'（串联容抗）的变化关系作定性分析，证明串联实验时，C' 满足$1/(\omega C')<|2X|$。

3）根据实验数据，完成各项计算。

4）分析功率表并联于电压线圈前、后接法对测量结果的影响。

5）总结功率表（智能功率表）的使用方法。

实验 7 三相交流电路电压、电流的测量

1．实验目的

1）掌握三相负载做星形连接和三角形连接的方法，验证这两种接法下，线、相电压以及线、相电流之间的关系。

2）充分理解三相四线供电系统中中线的作用。

2．实验仪器

1）交流电压表，1 块。

2）交流电流表，1 块。

3）万用表，1 块。

4）三相自耦调压器，1 台。

5）三相灯组负载（220 V/15 W 的白炽灯），6 只。

6）电门插座，3 只。

3．实验原理

1）三相负载可接成星形（又称 Y 连接）或三角形（又称△连接），当三相对称负载作 Y 连接时，线电压 U_l 是相电压 U_p 的 $\sqrt{3}$ 倍，线电流 I_l 等于相电流 I_p，即

$$U_l=\sqrt{3}\,U_p,\quad I_l=I_p$$

采用三相四线制接法时，流过中线的电流 $I_O=0$ A，可以省略中线。

三相对称负载作△连接时，有

$$I_l=\sqrt{3}\,I_p,\quad U_l=U_p$$

2）三相不对称负载作 Y 连接时，必须采用三相四线制接法，即 Y_0 接法。而且中线必须牢固连接，以保证三相不对称负载的每相电压维持对称不变。

倘若中线断开，会导致三相负载电压的不对称，致使负载轻的那一相的相电压过高，使负载遭受损坏；负载重的一相相电压过低，使负载不能正常工作。尤其是对于三相照明负载，无条件地一律采用三相四线制接法。

3）对于三相不对称负载作△连接时，$I_l \neq \sqrt{3} I_P$，但只要电源的线电压 U_l 对称，加在三相负载上的电压仍是对称的，对各相负载工作没有影响。

本实验采用三相交流市电，线电压为 220 V，应穿绝缘鞋进入实验室。实验时要注意人身安全，不可触及导电部件裸露部位，防止意外事故发生。

4．实验内容及步骤

1）三相负载三相四线制连接。按图 3-19 连接实验电路，即三相灯组负载经三刀双掷开关接通三相对称电源，并将上部引入电源电压调至 0 V 输入，经指导教师检查合格后，方可合上三相电源开关 S_1，然后调节调压器的输出，使输出的三相线电压为 220 V，并按以下步骤完成各项实验。分别测量三相负载的线电流、线电压、相电压、中线电流、电源与负载中点间的电压，将所得的数据记入表 3-15 中。观察各相灯组亮暗的变化程度，特别要注意观察中线的作用。

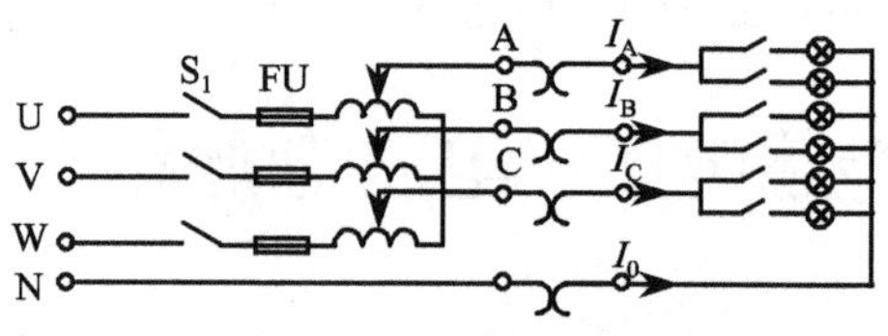

图 3-19　三相四线制电路

表 3-15　星形连接的测量数据

负载情况	开灯盏数			线电流			线电压			相电压			中线电流 I_O（A）	中点电压 U_{NO}（V）
	A 相	B 相	C 相	I_A	I_B	I_C	U_{AB}	U_{BC}	U_{CA}	U_{AO}	U_{BO}	U_{CO}		
Y_O 接平衡负载	2	2	2											
Y 接平衡负载	2	2	2											
Y_O 接不平衡负载	1	2	2											
Y 接不平衡负载	1	2	2											
Y_O 接 B 相断开	1		2											
Y 接 B 相断开	1		2											
Y 接 B 相短路	1		2											

2）三相负载三角形连接（三相三线制）。按图 3-20 改接线路，经指导教师检查合格后接通三相电源，并调节调压器，使其输出线电压为 220 V，并按表 3-16 中的内容进行测试。

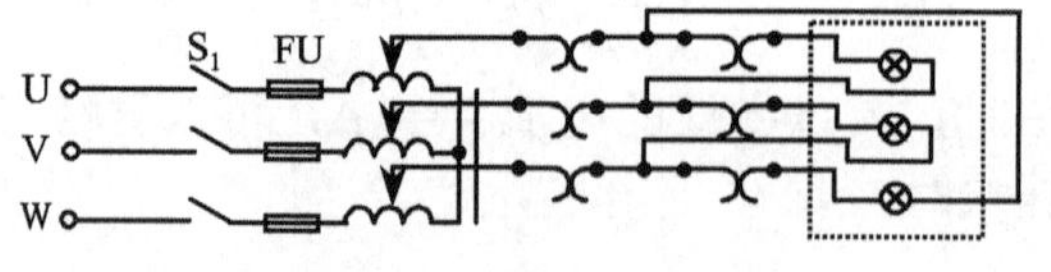

图 3-20　三相三线制电路

表 3-16　三角形连接的测量数据

负载情况	开 灯 盏 数			线电压=相电压（V）			线电流（A）			相电流（A）		
	A-B 相	B-C 相	C-A 相	U_{AB}	U_{BC}	U_{CA}	I_A	I_B	I_C	I_{AB}	I_{BC}	I_{CA}
三相平衡	2	2	2									
三相不平衡	1	2	2									

5．实验报告及思考题

1）试分析三相不对称负载星形连接在无中线情况下，当某相负载开路或短路时会出现什么情况？如果接上中线，情况又如何？

2）用实验测得的数据验证对称三相电路中的$\sqrt{3}$倍关系。

3）用实验数据和观察到的现象，总结三相四线供电系统中中线的作用。

4）三相不对称负载三角形连接，能否正常工作？实验是否能证明这一点？

5）根据三相不对称负载三角形连接时的相电流值作相量图，并求出线电流值，然后与实验测得的线电流比较，并进行分析。

实验 8　三相电路功率的测量

1．实验目的

1）掌握用一瓦特表法、二瓦特表法测量三相电路有功功率与无功功率的方法。

2）进一步熟练掌握功率表的接线和使用方法。

2．实验仪器

1）交流电压表，2 块。

2）交流电流表，2 块。

3）单相功率表，2 块。

4）万用表，1 块。

5）三相灯组负载（220 V、15 W 的白炽灯），6 只。

6）三相电容负载（1 μF、2.2 μF、4.7 μF/500 V），3 只。

3．实验原理

1）对于三相四线制供电的三相星形连接的负载（即 Y_O 接法），可用一只功率表（一瓦特表法）分别测量各相的有功功率 P_A、P_B 和 P_C，三相功率之和（$\Sigma P=P_A+P_B+P_C$）即为三相负载的总有功功率值。实验线路如图 3-21 所示，因为三相负载是对称的，只测量一相的功率即可，该相功率乘以 3 即三相总的有功功率。

2）三相三线制供电系统中，不论三相负载是否对称，不论是 Y 连接还是△连接，都可用二瓦特表测量三相负载的总有功功率，测量线路如图 3-22 所示。

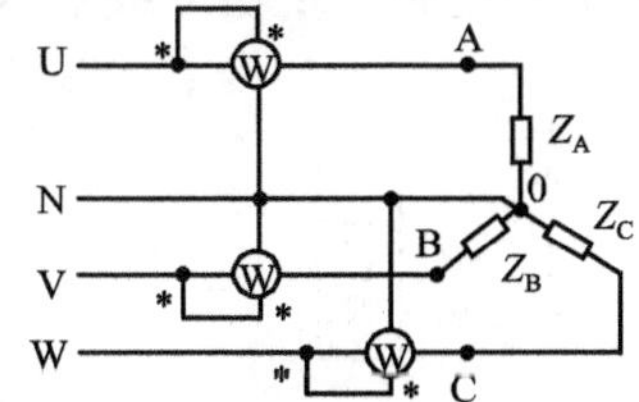

图 3-21　一瓦特表法测有功功率

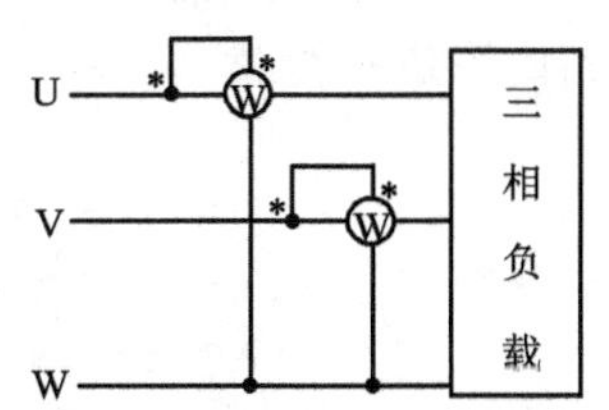

图 3-22　二瓦特表法测有功功率

若负载为感性或容性，且相位差$\varphi>60°$时，线路中的一只功率表指针将反偏（对于数字式功率表将出现负读数），这时应将功率表电流线圈的两个端子调换（不能调换电压线圈端子），读数应记为负值。

3）对于三相三线制供电的三相对称负载，可用一瓦特表法测得三相负载的总无功功率 Q，测试原理线路如图 3-23 所示。图中功率表读数的$\sqrt{3}$倍等于对称三相电路总的无功功率。除了本图给出的一种连接法（I_U、I_{VW}）外，还有另外两种连接法，即接成（I_V、U_{UW}）或（I_W、U_{UV}）。

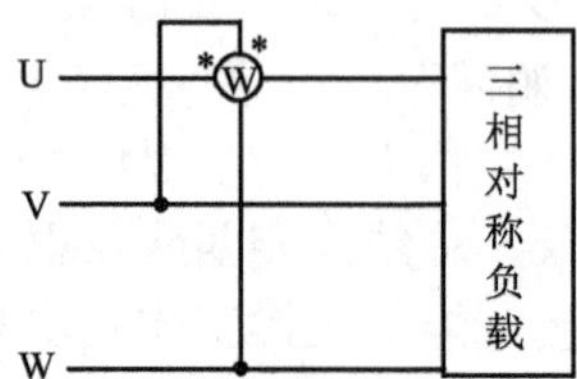

图 3-23　一瓦特表法测无功功率

每次实验完毕，均需将外部引入电源电压调回零处，然后再断开 S_1，以确保人身安全。

4．实验内容及步骤

1）用一瓦特表法测定三相对称 Y_O 连接以及不对称 Y_O 连接负载的总功率$\sum P$，实验如图 3-24 所示线路连线。线路中的电流表和电压表用以监视三相电流和电压，不要超过功率表电压和电流的量程。经指导教师检验合格后，合上开关 S_1，调节外部引入电源，使输出线电压为 220 V，按表 3-17 的要求进行测量及计算。

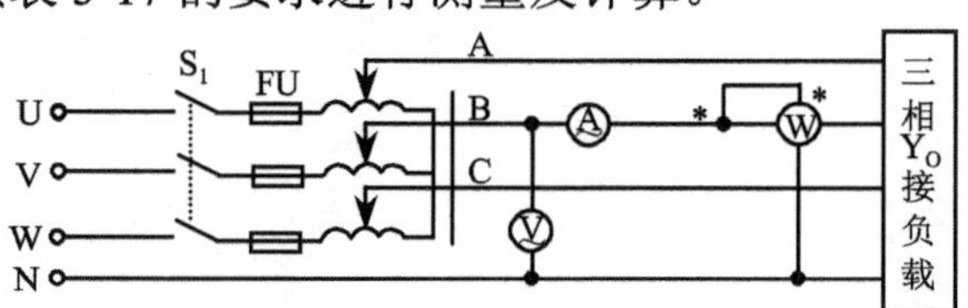

图 3-24　一瓦特表法测试三相对称星形总功率电路

表 3-17　一瓦特表法测试三相对称星形总功率数据

负载情况	开灯盏数			测量数据			计算值
	A 相	B 相	C 相	P_A（W）	P_B（W）	P_C（W）	$\sum P$（W）
Y_O接对称负载	2	2	2				
Y_O接不对称负载	1	2	2				

首先是将 3 个表按图 3-24 接入 B 相时进行测量，然后分别将 3 个表换接到 A 相和 C 相，再进行测量。

2）用二瓦特表法测定三相负载的总功率。按图 3-25 接线，将三相灯组负载连接成 Y 形接法。经指导教师检验合格后，合上开关 S_1，调节外部引入电源，使输出线电压为 220 V，按表 3-18 的内容进行测量。

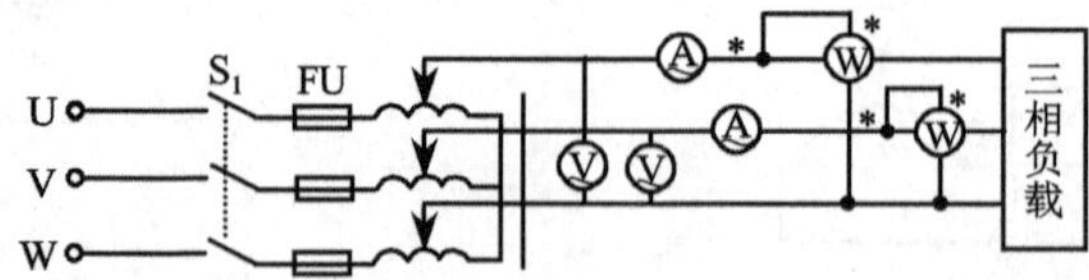

图 3-25　二瓦特表法测试三相负载总功率电路

3）将三相负载改接成△形接法，重复步骤 2）的测量，并将数据记入表 3-18 中。

表 3-18 二瓦特表法测试三相负载总功率数据

负载情况	开灯盏数			测量数据		
	A 相	B 相	C 相	P_1（W）	P_2（W）	$\sum P$（W）
Y 接对称负载	2	2	2			
Y 接不对称负载	1	2	2			
△接不对称负载	1	2	2			
△接对称负载	2	2	2			

4）用一瓦特法测定三相对称星形负载的无功功率。按图 3-26 所示的电路接线。每相负载由白炽灯和电容并联而成，并由开关控制其接入。检查接线无误后，合上开关 S_1，将外部引入线电压调到 220 V，读取三表的读数，计算无功功率$\sum Q$，并记入表 3-19 中。

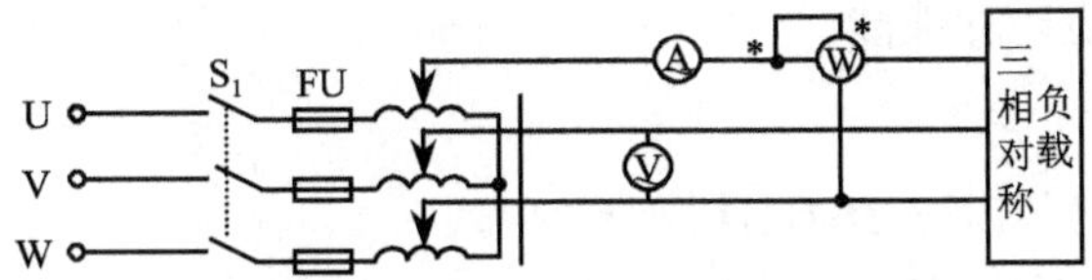

图 3-26 一瓦特表法测试三相对称星形负载无功功率电路

表 3-19 一瓦特表法测试三相对称星形负载无功功率数据

负载情况	测量值			计算值
	U（V）	I（A）	Q（var）	$\sum Q=\sqrt{3}\,Q$
三相对称灯组（每相开 2 盏）				
三相对称电容（每相 4.7 μF）				
前面两部分的并联负载				

5．实验报告及思考题

1）复习二瓦特表法测量三相电路有功功率的原理。

2）复习一瓦特表法测量三相对称负载无功功率的原理。

3）测量功率时为什么在线路中通常都接有电流表和电压表？

4）完成数据表格中的各项测量和计算任务，比较一瓦特表法和二瓦特表法的测量结果有何不同。

5）总结分析三相电路功率测量的方法与结果。

第4章　模拟电子技术实验

实验1　单级共射放大电路

1．实验目的

1）掌握放大电路静态工作点的调试方法及其对放大电路性能的影响。

2）学习测量放大电路 Q 点，A_v，r_i，r_o 的方法，了解共射电路的特性。

3）理解放大电路的动态性能。

2．实验仪器

1）低频信号发生器（EE—1641B1），1 台。

2）交流毫伏表（AS2173D），1 块。

3）双踪示波器（XJ4316），1 台。

4）数字万用表（UT51），1 块。

5）面包板，1 块。

3．实验原理

图 4-1 为电阻分压式工作点稳定单管共射放大电路，它的偏置电路采用 R_{b1} 和 R_{b2} 组成的分压电路，并在发射极中接有电阻 R_e，以稳定放大器的静态工作点。当在放大器的输入端加入输入信号 U_i 后，在放大器的输出端便可得到一个与 U_i 相位相反，幅值被放大了的输出信号 U_o，从而实现电压的放大。

1）输入电阻为电路的输入电压 U_i 与输入电流 I_i 之比，即 $r_i=U_i/I_i$，其中，r_i 为从电路输入端看进去的交流等效电阻，r_i 愈大，电路从信号源取得的电流 I_i 愈小，电路获得的 U_i 愈大。

2）输出电阻为负载 R_L 开路，且信号源电压 $U_s=0$（但保留其内阻 R_s），从输出端看进去的等效电阻。即输出端开路时，采用戴维宁定理求得等效电源内阻，$r_o=U_o/I_o$（$U_s=0$，$R_L=\infty$），其中，r_o 为从电路输出端看进去的交流等效电阻，r_o 愈小，电路接上负载后输出电压下降愈少，带负载能力愈强。

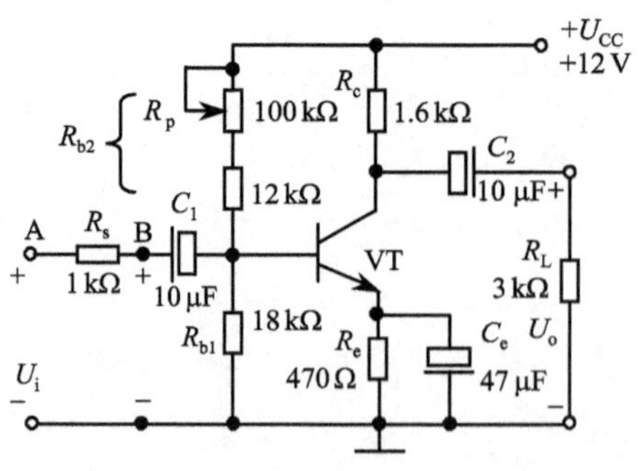

图 4-1　工作点稳定放大电路

4．实验内容及步骤

（1）静态测量与调整

按图 4-1 接线，确认无误后接通电源，调整 R_p 使 U_E=2.2 V，测量电路的静态工作点的相关值（I_B、I_C 和 U_{CE}）。为了测量的方便，只需测出三极管的 3 个脚对地的电压，也就是 U_E、U_B 和 U_C，即可以推导出 Q 点值。将测量结果填入表 4-1 中。

表 4-1　静态测量数据

U_E（V）	U_B（V）	U_C（V）

（2）动态研究

1）按图 4-1 接线。将信号发生器的输出信号调到 f=1 kHz，幅值为 100 mV，接至放大电路的 A 点，用示波器观察 U_i 和 U_o 端的波形。

2）信号源频率不变，逐渐加大信号源幅度，在 U_o 为最大不失真时测量输出电压，并记入表 4-2 中。

表 4-2　动态测量数据　（$R_L=\infty$）

实　测		实测计算	理论估算
U_i（mV）	U_o（mV）	A_u	A_u

（3）测放大电路输入电阻、输出电阻

1）输入电阻的测量。在输入端串接一个 1 kΩ的电阻，如图 4-2 所示，测量 U_s 与 U_i，即分别测量电阻 R 左端和右端对地的电压。可通过下列公式计算出 r_i。

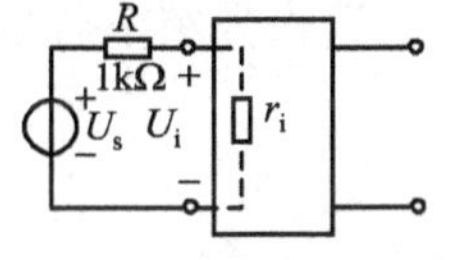

图 4-2　输入电阻测量

$$r_i = \frac{U_i}{U_s - U_i} \cdot R$$

2）输出电阻的测量（见图 4-3）。在输出端接入可调电阻作为负载，选择合适的 R_L 值使放大电路输出不失真（接示波器监视），测量带负载时的 U_L 和空载时的 U_o，即可计算出 r_o。

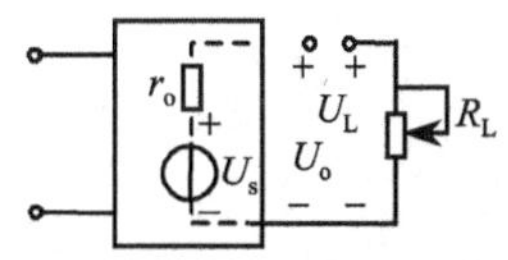

图 4-3　输出电阻测量

$$r_o = (\frac{U_o}{U_L} - 1) \cdot R_L$$

将上述测量及计算结果记入表 4-3 中。

表 4-3　输入、输出电阻测量数据

输入电阻（R=5.1 kΩ）				输出电阻			
实　测		实测计算	理论估算	实　测		实测计算	理论估算
U_s（mV）	U_i（mV）	r_i	r_i	U_o（$R_L=\infty$）	U_L（R_L=5.1 kΩ）	R_o（kΩ）	R_o（kΩ）

5．实验报告及思考题

1）总结放大电路静态和动态测量方法。

2）整理实验数据，分析实验结果。

3）分析测量值与理论值存在误差的原因。

实验2　多级交流放大电路

1．实验目的

1）掌握如何合理设置静态工作点。

2）进一步学习放大电路静态工作点以及电压放大倍数的测试方法。

2．实验仪器

1）低频信号发生器（EE—1641B1），1台。

2）交流毫伏表（AS2173D），1块。

3）双踪示波器（XJ4316），1台。

4）数字万用表（UT51），1块。

5）面包板，实验仪器1块。

3．实验原理

图4-4是两级阻容耦合共射极放大电路，采用大电容实现级间耦合。优点在于静态工作点互不影响，便于设计、分析和调试。但其低频特性差，且大电容不利于集成化，因而多用于分立电路。

第一级和第二级之间通过电阻 R_{c1} 和电容 C_2 实现级间耦合。由于电容的隔直作用，两级放大器的静态工作点是相互独立的，可以像单极放大器那样进行独立调整。

第一级输出 U_{o1} 即是第二级输入 U_{i2}，第一级的放大倍数 $A_u=U_{o1}/U_i$，第二级的放大倍数 $A_{u2}=U_o/U_{i2}=U_o/U_{o1}$，总放大倍数为 $A_u=U_o/U_i=U_{o1}/U_i \cdot U_o/U_{i2}=A_{u1} \cdot A_{u2}$。此式只有在把第二级输入电阻作为第一级的负载时才有意义。

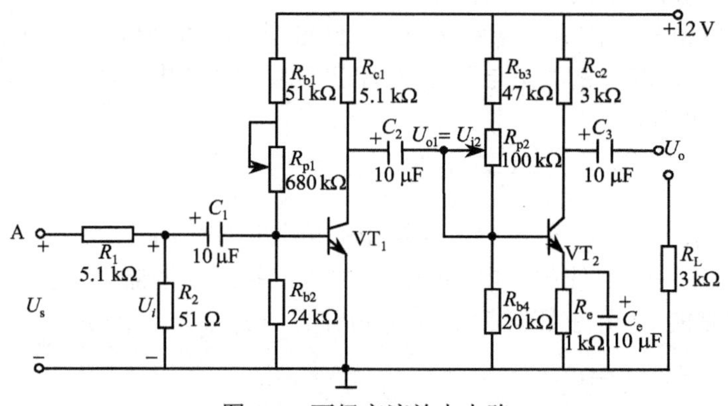

图4-4　两级交流放大电路

4．实验内容及步骤

1）静态工作点的测量。

① 按图4-4接线，若发现有寄生振荡，可以重新布线，并尽可能走短线，也可以在三极管b、e两极间加几皮法到几百皮法的电容。

② 静态工作点设置：要求第二级在输出波形不失真的前提下幅值尽量大，第一级为了增加信噪比，工作点应尽可能低。

③ 在A点接入 f=1 kHz，U_s=100 mV 的正弦交流信号，调整工作点使输出信号不失真。

④ 去掉 U_s（即断开输入信号），分别测量两级放大电路的静态工作点，将结果记入表4-4中。

2）电压放大倍数的测量。接入 U_s，用交流毫伏表测量 U_i、U_{o1} 和 U_o，将结果记入表4-4中并进行相关计算。

表 4-4　多级放大电路测试数据

负载情况	静态工作点						输入/输出电压（mV）			电压放大倍数		
	第一级			第二级						第 1 级	第 2 级	整体
	U_{C1}	U_{B1}	U_{E1}	U_{C2}	U_{B2}	U_{E2}	U_i	$U_{o1}=U_{i2}$	U_o	A_{V1}	A_{V2}	A_V
空载												
负载												

3）接入负载电阻 $R_L=3\,k\Omega$，按表 4-4 测量并计算，对步骤 2）和步骤 3）的结果进行比较。

5．实验报告及思考题

1）分析图 4-4 中的两级交流放大电路，初步估计测试内容的变化范围。

2）整理实验数据，分析实验结果。

3）分析测量值与理论值存在误差的原因。

实验 3　比例求和运算电路

1．实验目的

1）掌握用集成运算放大电路组成比例、求和电路的特点及性能。

2）学会电路的测试和分析方法。

2．实验仪器

1）低频信号发生器（EE—1641B1），1 台。

2）双踪示波器（XJ4316），1 台。

3）交流毫伏表（AS2173D），1 块。

4）数字万用表（UT51），1 块。

5）面包板，1 块。

3．实验原理

集成运算放大器是一种具有高电压放大倍数的直接耦合多级放大电路。当外部接入不同的线性或非线性元件组成输入和负反馈电路时，可以灵活地实现各种特定的函数关系。在线性应用方面，可组成比例、加法、减法、积分、微分和对数等模拟运算电路。

集成运算放大器的输出端与自身的反向输入端通过电路连接，组成负反馈电路。由于运算放大器的电压增益大约在 100 000 倍以上，所以处于深度负反馈状态，这种情况下运算放大器主要工作于线性放大区，因而有“虚断”、“虚短”，即 $I_+=I_-\approx 0$，$U_+\approx U_-$。

4．实验内容及步骤

1）反相比例放大器。按图 4-5 连接电路，并将测量结果记入表 4-5 中。

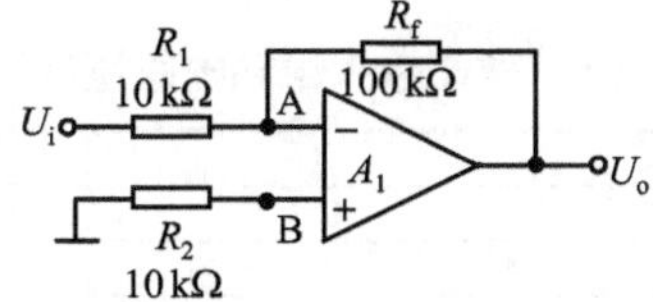

图 4-5　反相比例放大电路

表 4-5　反相比例放大电路测试数据

直流输入电压 U_i（mV）		100	300	500
输出电压 U_o	理论估算（V）			
	实际值（V）			
	误差（mV）			

2）同相比例放大电路。按图 4-6 连接电路，并将测量结果记入表 4-6 中。

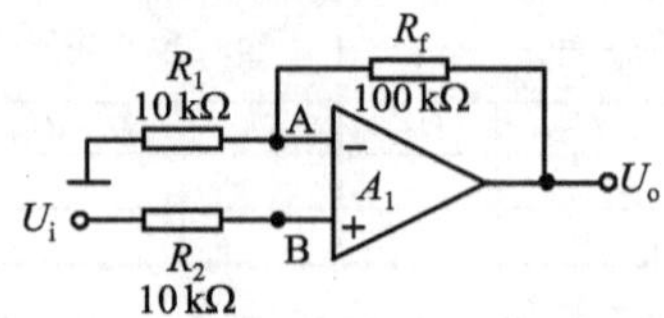

图 4-6　同相比例放大电路

表 4-6　同相比例放大电路测试数据

直流输入电压 U_i（mV）		100	300	500
输出电压 U_o	理论估算（V）			
	实际值（V）			
	误差（mV）			

3）反相求和放大电路。按图 4-7 连接电路，并将测量结果记入表 4-7 中。

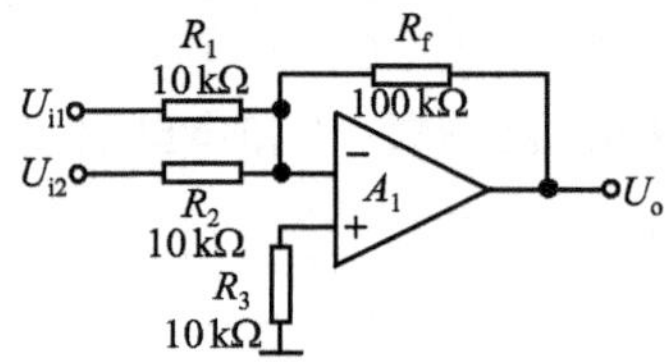

图 4-7　反相求和放大电路

表 4-7　反相求和放大电路测试数据

输入电压	U_{i1}（V）	0.3	−0.3	−0.3
	U_{i2}（V）	0.2	0.2	−0.2
输出电压 U_o	实测值（V）			
	理论值（V）			
	误差（mV）			

4）双端输入求和放大电路。按图 4-8 连接电路，并将测量结果记入表 4-8 中。

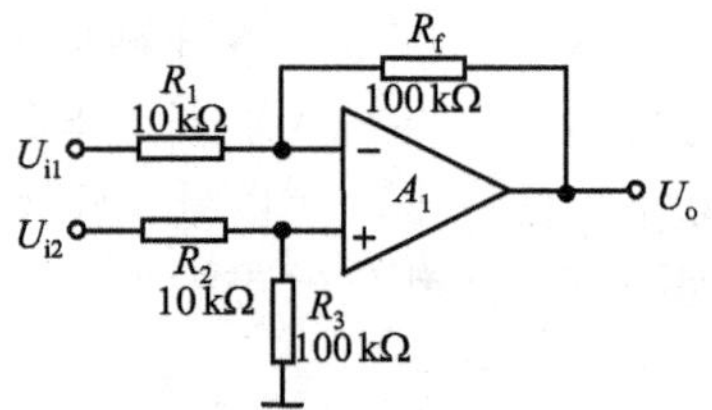

图 4-8　双端输入求和电路

表 4-8　双端输入求和电路测试数据

输入电压	U_{i1}（V）	1	2	0.2
	U_{i2}（V）	0.5	1.8	−0.2
输出电压 U_o	实测值（V）			
	理论值（V）			
	误差（mV）			

5．实验报告及思考题

1）总结实验中 4 种运算电路的特点及性能。

2）分析理论计算与实验结果存在误差的原因。

实验 4　负反馈放大电路

1．实验目的

1）研究负反馈对放大电路性能的影响。

2）掌握负反馈放大电路性能的测试方法。

2．实验仪器

1）低频信号发生器（EE—1641B1），1 台。

2）双踪示波器（XJ4316），1 台。

3）交流毫伏表（AS2173D），1 块。

4）数字万用表（UT51），1 块。

5）面包板，1 块。

3．实验原理

一个放大电路引入负反馈之后，能改善放大器的一系列性能。负反馈使放大器的放大倍数下降，但却提高了放大倍数的稳定性，能扩展频带，改善频带特性，减小非线性失真；负反馈还能改变放大器的输入电阻和输出电阻。因此，在实际应用的各种电子电路中，几乎没有不引进负反馈的。

图 4-9 为电压串联负反馈。与两级分压偏置电路相比，它增加了 R_4，R_4 引入电压交直流负反馈，从而加大了输入电阻，减小了放大倍数。此外，R_4 与 R_f、C_f 形成了负反馈回路。而电压串联负反馈会增大输入电阻，减小输出电阻。

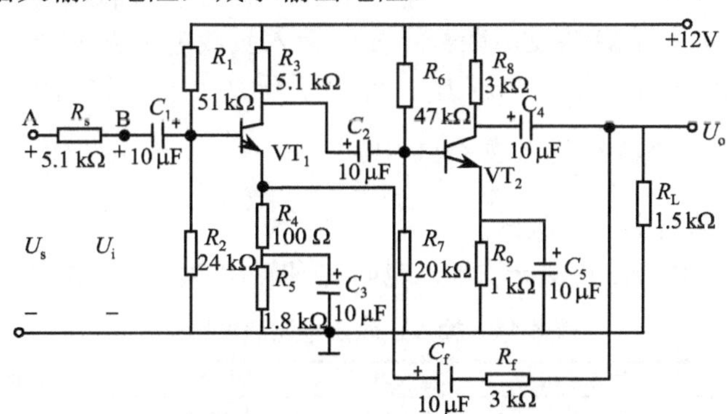

图 4-9　电压串联负反馈放大电路

4．实验内容及步骤

（1）静态工作点的测试

按图 4-9 连接实验电路，用万用表分别测量第一级、第二级的静态工作点，并记入表 4-9 中。

表 4-9　负反馈放大电路静态工作点测试数据

	U_E（V）	U_B（V）	U_C（V）
第一级			
第二级			

（2）负反馈放大电路开环和闭环放大倍数的测试

1）开环电路的测试：

① 按图 4-9 接线，R_f先不接入；
② 输入端接入 U_i=1 mV、f=1 kHz 的正弦波，调整接线和参数使输出不失真且无振荡；
③ 按表 4-10 进行测量；
④ 根据实测值计算开环放大倍数和输出电阻 r_o。
2）闭环电路的测试：
① 接通 R_f和 C_f，并按要求调整电路；
② 按表 4-10 进行测量，并计算 A_{uf}；
③ 根据实测结果，验证 $A_{uf}\approx\frac{1}{F}$。

表 4-10　负反馈放大电路开环和闭环放大倍数测试数据

	负载	总的输入电压	总的输出电压	总的放大倍数
	R_L（kΩ）	U_i（mV）	U_o（mV）	A_u（A_{uf}）
开环	∞	1		
	1.5/ kΩ	1		
闭环	∞	1		
	1.5/ kΩ	1		

（3）开环输入、输出电阻的测试

为了方便测量放大器的输入电阻，在输入端接入电阻 R_s=5.1 kΩ。测开环输入、输出电阻时，先断开 R_f支路，在 A 端接入 U_i=1 mV，f=1 kHz 的正弦波，在输出波形不失真的情况下，用交流毫伏表分别测量 A、B 两点的对地电压 U_s和 U_i，可求得输入电阻 $r_i=U_i/（U_s-U_i）\cdot R_s$。测开环输出电阻时，首先保持 R_f支路断开不变，接入负载电阻 R_L=1.5 kΩ，在输出信号不失真情况下，用交流毫伏表测出输出电压 U_L；然后断开 R_L，再测输出电压 U_o，则输出电阻为 $r_o=（\frac{U_o}{U_L}-1）\cdot R_L$。将测量数据记入表 4-11 中。

（4）闭环输入、输出电阻的测试

接入 R_f支路，用上述方法再测一次输入电阻 r_{if}和输出电阻 r_{of}，将测量结果记入表 4-11 中。

表 4-11　输入、输出电阻测试数据

	信号源电压	输入电压	输入电阻	空载输出电压	负载输出电压	输出电阻
	U_s（mV）	U_i（mV）	r_i（r_{if}）	U_o（mV）	U_L（mV）	r_o（r_{of}）
开环						
闭环						

5．实验报告及思考题

1）设图 4-9 中晶体管β值为 40，计算该放大电路开环和闭环电压的放大倍数。
2）根据实验内容及步骤总结负反馈对放大电路的影响。

实验 5　*RC* 正弦波振荡电路

1．实验目的

1）进一步理解 *RC* 正弦波振荡电路的组成、原理和振荡条件。
2）掌握调试振荡电路的方法，学习测量振荡频率。

2．实验仪器

1）低频信号发生器（EE—1641B1），1 台。

2）双踪示波器（XJ4316），1 台。

3）交流毫伏表（AS2173D），1 块。

4）数字万用表（UT51），1 块。

5）面包板，1 块。

3．实验原理

正弦波振荡器选用 RC 串并联网络作为选频和反馈网络，电路如图 4-10 所示。

振荡频率为

$$f_0=\frac{1}{2}\pi RC$$

起振条件为

$$|A|>3$$

电路特点是可方便地连续改变振荡频率，便于加负反馈稳幅，容易得到良好的振荡波形。

4．实验内容及步骤

1）调节 $R_{p2}\approx 300\ \Omega$，再按图 4-10 连接电路，$RC$ 选频网络先不接入（A、B 处先断开），测量放大器静态工作点及电压放大倍数。将测量结果记入自拟的实验表格中。

2）调 R_{p1} 使 $U_{C1}\approx 6$ V。

3）接入 RC 选频网络，用示波器观察输出波形。若不起振，则调节 R_{p2} 使电路振荡且不失真。

4）用李沙育图形法测量振荡频率并与理论值比较。

5）改变 R=100 kΩ，观察振荡频率的变化情况并测量频率。

6）改变 C=0.01 μF，观察振荡频率的变化情况。

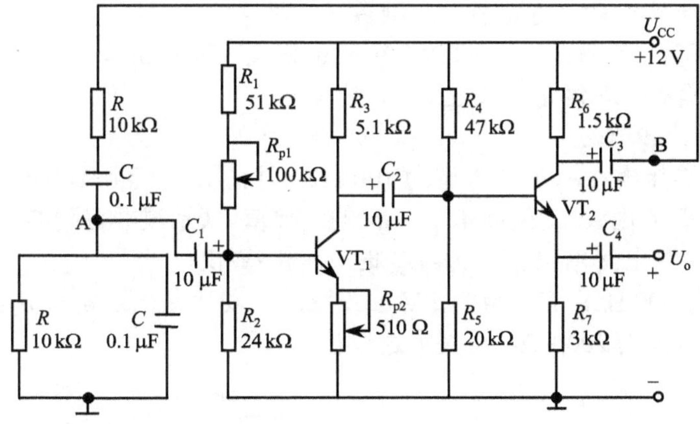

图 4-10　RC 正弦波振荡电路

5．实验报告及思考题

1）计算图 4-10 所示电路的振荡频率。

2）自己设计表格，整理实验测量数据和波形。

3）由给定电路参数计算振荡频率，并与实测值比较，分析误差产生的原因。

4）总结 *RC* 正弦波振荡电路的特点。

实验 6　电压比较电路

1．实验目的

1）掌握比较电路的结构及特点。

2）学会测试比较电路的方法。

3．实验仪器

1）低频信号发生器（EE—1641B1），1 台。

2）双踪示波器（XJ4316），1 台。

3）交流毫伏表（AS2173D），1 块。

4）数字万用表（UT51），1 块。

5）面包板，1 块。

2．实验原理

电压比较器是集成运算放大器非线性应用电路，它将一个模拟电压信号和一个参考电压相比较，在二者幅度相等的附近，输出电压将产生跃变，相应输出高电平或低电平。比较器可以组成非正弦波变换电路，应用于模拟信号与数字信号转换等领域。

常用的电压比较器有过零比较器、具有滞回特性的过零比较器、双限比较器（又称窗口比较器）等。

4．实验内容及步骤

（1）过零比较电路

1）按图 4-11 连接电路，将 u_i 悬空，测量 u_o。

2）u_i 输入频率为 500 Hz，有效值为 1 V 的正弦波，观察 u_i 和 u_o 的波形并记录。

3）改变 u_i 的幅值，观察 u_o 的变化。

（2）反相滞回比较电路

1）按图 4-12 连接电路，并将 R_f 调为 100 kΩ（注意 R_f 先调到 100 kΩ再接入电路之中），u_i 接 DC 电压源，测 u_o 由 $+U_{om}$ 变为 $-U_{om}$ 时 u_i 的临界值。（示波器打到 DC 挡）

2）过程同上，测出 u_i 由 $+U_{im}$ 变为 $-U_{im}$ 时 u_o 的临界值。

3）u_i 接频率为 500 Hz，有效值为 1 V 的正弦波，观察并记录 u_i 和 u_o 的波形。

4）将电路中 R_f 调为 200 kΩ，重复上述过程。

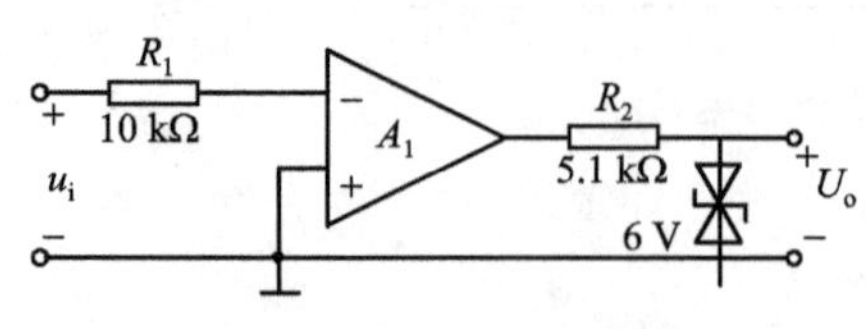

图 4-11　过零比较电路

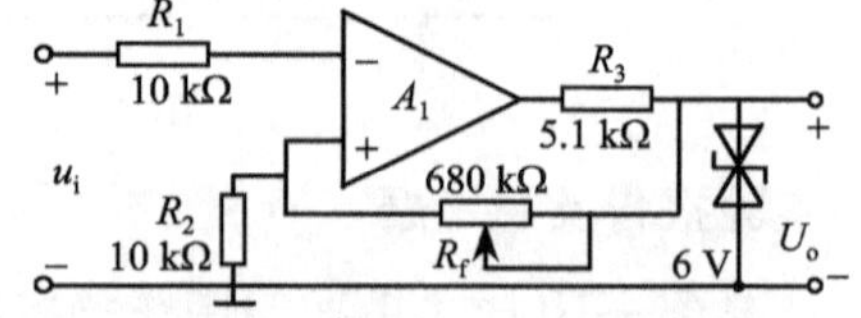

图 4-12　反相滞回比较电路

（3）同相滞回比较电路

1）按图 4-13 连接电路，将 R_f 调为 100 kΩ，u_i 接 DC 电压源，测出 u_o 由$+u_{om}$变为$-u_{om}$时，u_i 的临界值。

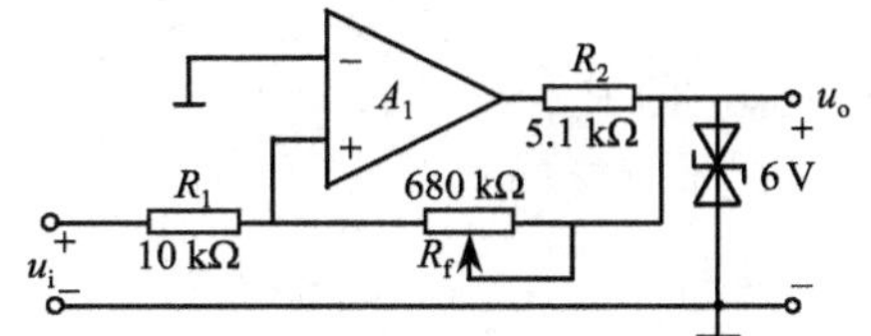

图 4-13　同相滞回比较电路

2）过程同上，测出 u_i 由$+U_{im}$变为$-U_{im}$时 U_o 的临界值。

3）U_i 接 500 Hz，有效值为 1V 的正弦波，观察并记录 U_i 和 U_o 波形。

4）将电路中 R_f 调为 200 kΩ，重复上述实验。

5）将结果与实验内容及步骤 2）相比较。

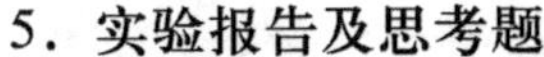

5．实验报告及思考题

1）分析图 4-11 中的电路，回答以下问题。

① 比较电路是否要调零？原因是什么？

② 比较电路的两个输入端电阻是否要求对称？为什么？

2）分析图 4-12 中的电路，计算：

① 使 u_o 由$+U_{om}$变为$-U_{om}$的 u_i 临界值；

② 使 u_o 由$-U_{om}$变为$+U_{om}$的 u_i 临界值。

3）分析图 4-13 中的电路，回答以下问题。

① 比较电路是否要调零？为什么？

② 比较电路的两个输入端电阻是否要求对称？为什么？

4）整理实验数据及波形图，并与理论值进行比较。

5）总结几种比较电路的特点。

实验 7　互补对称功率放大电路

1．实验目的

1）进一步理解功率放大电路的工作原理。

2）学会互补对称功率放大电路的调试及主要性能指标的测试方法。

2．实验仪器

1）低频信号发生器（EE—1641B1），1 台。

2）双踪示波器（XJ4316），1 台。

3）交流毫伏表（AS2173D），1 块。

4）数字万用表（UT51），1 块。

5）面包板，1 块。

3．实验原理

图 4-14 为 OTL 低频互补对称功率放大电路。其中，由晶体三极管 VT_1 组成推动级（也称前置放大级），VT_2 和 VT_3 是一对参数对称的 NPN 和 PNP 型晶体三极管，它们组成互补推挽 OTL 功率放大电路。由于每一个管子都接成射极输出器形式，因此具有输出电阻低、负载能力强等优点，适用于作功率输出级。

OTL 电路的主要性能指标有以下几个。

（1）最大不失真输出功率 P_{om}

理想情况下，$P_{om}=\frac{1}{8}\times\frac{U_{CC}^2}{R_L}$，在实验中可通过测量 R_L 两端电压的有效值，来求得实际的 P_{om}，即 $P_{om}=U_o^2/R_L$。

（2）效率 η

$$\eta=\frac{P_{om}}{P_E}\times 100\%$$

其中，P_E 为直流电源提供的平均功率。

理想情况下，η_{max}=78.5%。在实验中，可测量电源提供的平均电流 $I_{(av)}$，从而求得 $P_E=U_{CC}\cdot I_{(av)}$，负载上的交流功率已用上述方法求出，因而也就可以计算实际效率了。

4．实验内容及步骤

1）按图 4-14 连接电路，U_{CC}=+12 V，调整直流工作点，使 M 点电压为 $0.5U_{CC}$。

2）接入正弦信号源，使 f=1 000 Hz，U_i=150 mV，测量最大不失真输出功率与效率。

3）改变电源电压（如由+12 V 变为+6 V），测量并比较输出功率和效率。

4）试听放大电路在带 8 Ω负载（扬声器）时的效果。

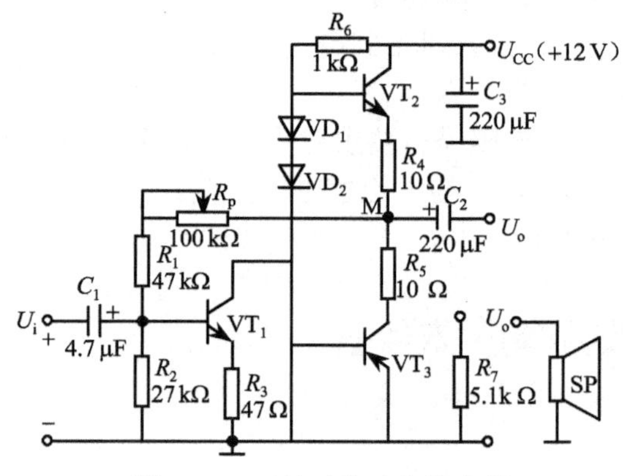

图 4-14　互补对称功率放大器

5．实验报告及思考题

1）分析图 4-14 中各三极管工作状态及电路的失真情况。

2）电路中若不加输入信号，VT_2、VT_3 的功耗是多少？

3）电阻 R_4、R_5 的作用是什么？

4）分析实验结果，计算实验内容及步骤中要求的参数。

5）总结功率放大电路的特点及测量方法。

实验 8　串联稳压电路

1．实验目的

1）研究稳压电源的主要特性，掌握串联稳压电路的工作原理。

2）学会稳压电源的调试及测量方法。

2．实验仪器

1）低频信号发生器（EE—1641B1），1 台。

2）双踪示波器（XJ4316），1 台。

3）交流毫伏表（AS2173D），1 块。

4）数字万用表（UT51），1 块。

5）面包板，1 块。

3．实验原理

电子设备一般都需要直流电源供电。这些直流电除了少数直接利用干电池和直流发电机外，大多数是采用把交流电（市电）转变为直流电的直流稳压电源。

直流稳压电源由电源变压器、整流电路、滤波电路和稳压电路四部分组成，其原理框图如图 4-15 所示。电网提供的交流电压 u_1（220 V，50 Hz）经电源变压器降压后，得到符合电路需要的交流电压 u_2，然后由整流电路变换成方向不变、大小随时间变化的脉动电压 u_3，再用滤波电路滤去其交流分量，就可以得到比较平直的直流电压 u_i。但这样的直流输出电压还会随交流电网电压的波动或负载的变动而变化。在对直流供电要求较高的场合，还需要使用稳压电路，以保证输出直流电压更加稳定。

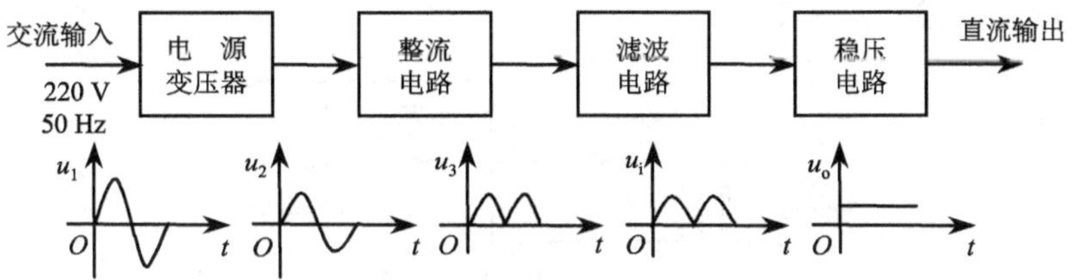

图 4-15　直流稳压电源框图

串联型稳压电路以稳压管电路为基准，利用晶体管的电流放大作用增大负载电流，并在电路中引入电压负反馈使输出电压稳定、输出电阻变小，一般通过改变反馈网络常数使输出电压可调。分析图 4-16 可知，电压基准由稳压管 VD_z 提供，反馈网络由 R_4、R_P、R_5 组成，改变 R_P 就可改变反馈系数，从而调整输出电压；C_1、C_3 用来抑制纹波，C_2 用来抑制纹波并抑制可能出现的高频振荡；R_2 和 LED 组成过载保护和示警电路。分析电路：当 U_i 上升→U_o 上升→U_{B3} 上升→I_{C3} 上升→I_{b2} 下降→I_{e1} 下降→U_{ce1} 上升→U_o 下降，完成反馈自动稳压。

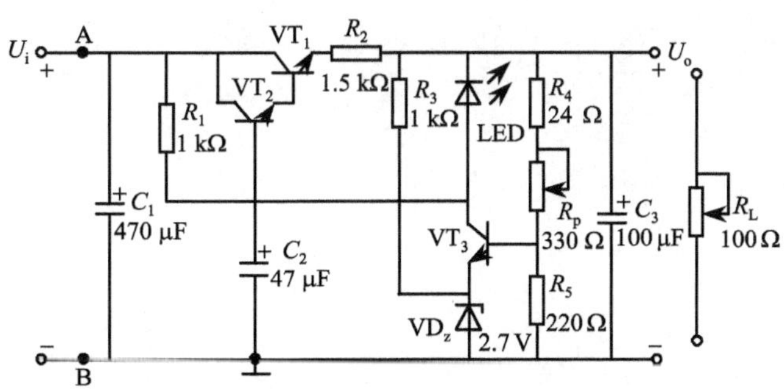

图 4-16　串联稳压电路

4．实验内容及步骤

（1）静态测试

1）按图 4-16 连接电路，负载 R_L 开路，即稳压电源空载。

2）将+5～+27 V 电源调到+9 V，接到输入端。再调电位器 R_P，使 U_o=6 V。测量各三极管的 Q 点。

3）调试输出电压的调节范围。

调节 R_P，观察输出电压 U_o 的变化情况，并记录 U_o 的最大值和最小值。

（2）动态测试

1）测量电源稳压特性。使稳压电源处于空载状态，调节电位器，模拟电网电压波动±10%；即 U_i 由 8 V 变到 10 V。测量相应的 ΔU_o，根据 $S_r=\dfrac{\Delta U_o/U_o}{\Delta U_i/U_i}$ 计算稳压系数。

2）测量稳压电源内阻。稳压电源的负载电流 I_L 由空载变化到额定值 I_L=100 mA 时，测量输出电压 U_o 的变化量，即可求出电源内阻 $R_0=\left|\Delta U_o/\Delta I_L\right|\times 100\%$。测量过程中，使 U_i=9 V 保持不变。

3）测试输出的纹波电压。将图 4-16 中的电压输入端接到图 4-17 中的整流滤波电路输出端（即接通 A—a，B—b），在负载电流 I_L=100 mA 的条件下，用示波器观察稳压电源输入输出中的交流分量 u_o，描绘其波形。

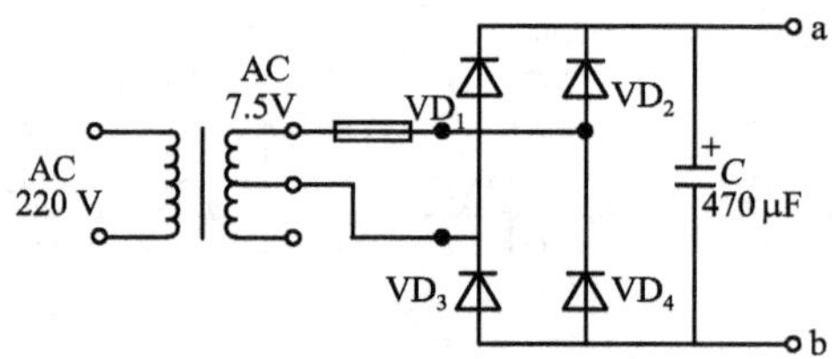

图 4-17　整流滤波电路

5．实验报告及思考题

1）估算图 4-16 中各三极管的 Q 点。设各管的β=100，电位器 R_P 滑动端处于中间位置。

2）对静态测试及动态测试进行总结。

3）计算稳压电源内阻 $R_0=-\Delta U_o/\Delta I_L$ 及稳压系数 S_r。

第 5 章　数字电子技术实验

实验 1　门电路逻辑功能与测试

1．实验目的

1）了解基本门电路的逻辑功能。

2）掌握门电路逻辑功能的测试方法，加深对门电路逻辑功能的认识。

3）熟悉门电路的外形和管脚排列及其使用方法。

2．实验仪器

1）示波器或万用表，1 台。

2）四 2 输入与门 74LS08 芯片，1 片。

3）四 2 输入或门 74LS32 芯片，1 片。

4）六反向器 74LS04 芯片，1 片。

5）四 2 输入与非门 74LS00 芯片，1 片。

6）四 2 输入或非门 74LS02 芯片，1 片。

7）四 2 输入异或门 74LS86 芯片，1 片。

8）导线若干。

3．实验原理

集成逻辑门电路是最简单、最基本的数字集成元件。任何复杂的组合电路和时序电路都可用逻辑门通过适当的组合连接而成。目前已有门类齐全的集成门电路，如与门、或门、非门、与非门等。虽然中大规模集成电路相继问世，但组成某一系统时，仍少不了各种门电路。因此，掌握门电路的工作原理，熟练、灵活地使用门电路是数字技术工作者必备的基本功之一。

TTL 集成电路由于工作速度高、输出幅度大、种类多、不易损坏而使用较广，特别是学生进行实验论证时，选用 TTL 电路比较合适。因此，本书大多采用 74LS（或 74）系列 TTL 集成电路。它的工作电源电压为（5±0.5）V，逻辑高电平 1 时不低于 2.4 V，逻辑低电平 0 时不高于 0.4 V。

（1）引脚识别

集成电路的每一个引脚各对应一个脚码，每个脚码所表示的阿拉伯数字（如 1、2、3…）是该集成电路物理引脚的排列次序。使用器件时，应在手册中了解每个引脚的作用和每个引脚的物理位置，以保证正确地使用和连线。每个双列直插式集成电路都有定位标志，以帮助使用者确定脚码为 1 的引脚。从图 5-1 可知，定位标志有半圆和圆点两种表达形式，最靠近定位标志的引脚规定为物理引脚的第 1 脚，脚码为 1，其他引脚的排列次序及脚码按逆时针方向依次加 1 递增。

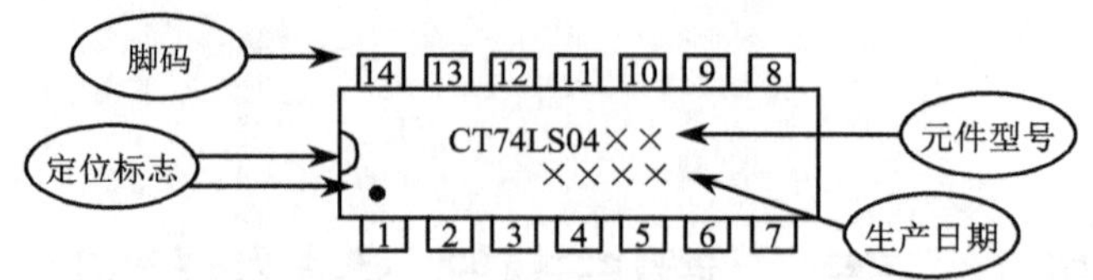

图 5-1　数字集成电路的脚码及型号

（2）型号识别

如图 5-1 所示，每一个 TTL 数字集成电路上都印有该器件的型号。国标的 TTL 命名示例如下。

图标示例：C　T　74LS04　C（或 M）　J（或 D 或 P 或 F）

①　②　③　④　⑤

其中，①中国；②TTL 集成电路；③74——国际通用 74 系列（如果是 54，则表示国际通用 54 系列），LS——低功耗肖特基电路，04——器件序号（04 为六反相器）；④C——商用级（工作温度 0～70℃），M——−55～125℃（只出现在 54 系列）；⑤J——黑瓷低熔玻璃双列直插封装，D——多层陶瓷双列直插封装，P——塑料双列直插封装，F——多层陶瓷扁平封装。

如果将型号中的 CT 换为国外厂商缩写字母，则表示该器件为国外相应产品的同类型号。例如，SN 表示美国得克萨斯公司，DM 表示美国半导体公司，MC 表示美国摩托罗拉公司，HD 表示日本日立公司。

集成电路元件型号的下方有一组表示年、生产周数、生产日期的阿拉伯数字，注意不要将元件型号与生产日期混淆。

（3）门电路功能验证方法

为了验证某一种门电路功能，首先选定元件型号，并正确连接好元件的工作电压端。选定某种“逻辑电平输出”电路，该电路应具有多个输出端，每个端都可以独立提供逻辑“0”和“1”两种状态，将被测门电路的每个输入端分别连接到“逻辑电平输出”电路的每个输出端。选定某种具有可以显示逻辑状态“0”或“1”的电路，将被测门电路的输出端连接到这种电路的输入端上。确定连线无误后，进行实验，并记录实验数据，分析结果。

比较实测值与理论值，若比较结果一致，说明被测门的功能是正确的，门电路完好。若实测值与理论值不一致，应检查集成电路的工作电压是否正常，实验连线是否正确，判断门电路是否损坏。

4．实验内容及步骤

实验前按使用说明检查实验仪器是否正常。然后选择实验用的芯片（IC），按设计的实验接线图接好线，特别注意 U_{CC} 及地线不能接错。线接好仔细检查无误后方可通电实验。实验中需要改动接线时，必须先断开电源，接好后再通电实验。

（1）与门、或门、非门的逻辑功能测试

1）与门的逻辑功能测试。在 74LS08 芯片中任选一组与门按图 5-2 连接电路，输入端接逻辑开关 *A*、*B*，输出端接指示器（发光二极管）。改变输入状态的高低电平，将 *A*、*B* 输入端依次接成 00，01，10，11 状态，进行电路仿真，观察输出端电平指示器的显示状态（亮为“1”，灭为“0”），并将实验结果记入表 5-1 中，写出输出端 *L* 的逻辑表达式和电路的逻辑功能。

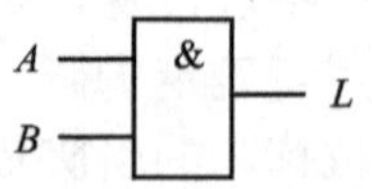

A　&　L
B

图 5-2　与门电路

表 5-1　与门逻辑真值表

输　入		输　出
A	B	L
0	0	
0	1	
1	0	
1	1	

逻辑表达式 $L=$ ____________________。

逻辑功能：____________________。

2）或门的逻辑功能测试。在 74LS32 芯片中任选一组或门，按图 5-3 连接电路，将 A、B 输入端依次接成 00，01，10，11 状态，观察输出端电平指示器的显示状态（亮为“1”，灭为“0”），并将实验结果记入表 5-2 中，写出输出端 L 的逻辑表达式和电路的逻辑功能。

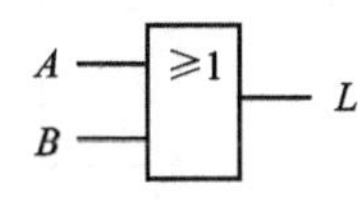

图 5-3　或门电路

表 5-2　或门逻辑真值表

输　入		输　出
A	B	L
0	0	
0	1	
1	0	
1	1	

逻辑表达式 $L=$ ____________________。

逻辑功能：____________________。

3）非门逻辑功能测试。在 74LS04 芯片中任选一组非门，按图 5-3 连接电路，将 A 输入端接逻辑开关 A，依次为 0、1 时，观察输出端电平指示器的显示状态（亮为“1”，灭为“0”），并将实验结果记入表 5-4 中，写出输出端 L 的逻辑表达式和电路的逻辑功能。

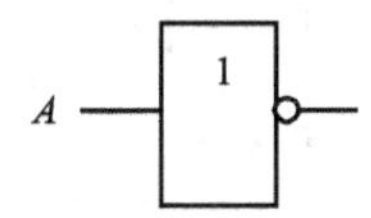

图 5-4　非门电路

表 5-3　非门逻辑真值表

输　入	输　出
A	L
0	
1	

逻辑表达式 $L=$ ____________________。

逻辑功能：____________________。

（2）与非门、或非门、异或门的逻辑功能测试

1）与非门的逻辑功能测试。在 74LS00 芯片中任选一组与非门，按图 5-5 连接电路，将 A、B 输入端接逻辑开关 A、B，依次输入 00，01，10，11 状态，观察输出端电平指示器的显示状态（亮为“1”，灭为“0”），并将实验结果记入表 5-4 中，写出输出端 L 的逻辑表达式和电路的逻辑功能。

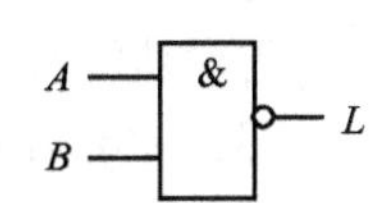

图 5-5　与非门电路

表 5-4 与非门逻辑真值表

输　入	输　出
A　B	L
0　0	
0　1	
1　0	
1　1	

逻辑表达式 L= ________________。

逻辑功能：________________。

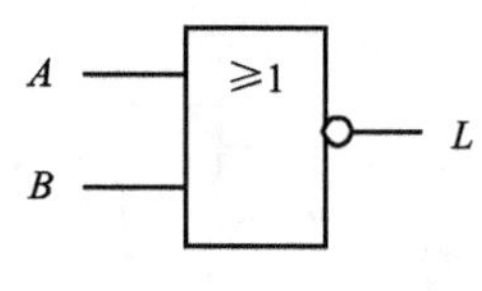

图 5-6　或非门电路

2）或非门的逻辑功能测试。在 74LS02 芯片中任选一组或非门，按图 5-6 连接电路，将 A、B 输入端接逻辑开关 A、B，依次接成 00，01，10，11 状态，观察输出端电平指示器的显示状态（亮为“1”，灭为“0”），并将实验结果记入表 5-5 中，写出输出端 L 的表达式和电路的逻辑功能，验证输入与输出之间的逻辑关系。

表 5-5 或非门逻辑真值表

输　入	输　出
A　B	L
0　0	
0　1	
1　0	
1　1	

逻辑表达式 L= ________________。

逻辑功能：________________。

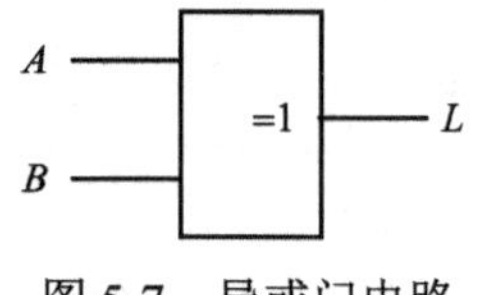

图 5-7　异或门电路

3）异或门的逻辑功能测试。在 74LS86 芯片中任选一组异或门，按图 5-7 连接电路，将 A、B 输入端依次接成 00，01，10，11 状态，观察输出端电平指示器的显示状态（亮为“1”，灭为“0”），并将实验结果记入表 5-6 中，写出输出端 L 的表达式和电路的逻辑功能，验证输入与输出之间的逻辑关系。

表 5-6 异或门逻辑真值表

输　入	输　出
A　B	L
0　0	
0　1	
1　0	
1　1	

逻辑表达式 L= ________________。

逻辑功能：________________。

（3）用与非门实现与或非逻辑功能

用 74LS00（即四 2 输入与非门）实现与或非逻辑 $L=\overline{AB+CD}$。写出逻辑表达式，画出逻辑图，测试其功能，总结用与非门实现其他逻辑功能的一般步骤。

1）把与或非逻辑 $L=\overline{AB+CD}$ 转换成与非逻辑表达式 L= ____________。

2）画出逻辑图，如图 5-8（a）所示。

3）按照逻辑图连线得到实验测试图，如图 5-8（b）所示。改变四输入信号 *A*、*B*、*C*、*D* 的输入状态，观察输出状态。填写逻辑真值表 5-7，得出逻辑表达式。

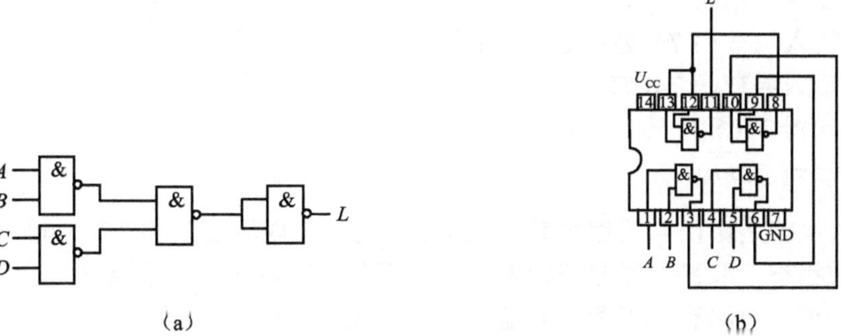

图 5-8　74LS00 实现与或非逻辑功能

（a）逻辑图　（b）测试连线图

表 5-7　与或非门逻辑真值表

输入信号				输出	输入信号				输出
A	*B*	*C*	*D*	*L*	*A*	*B*	*C*	*D*	*L*
0	0	0	0		1	0	0	0	
0	0	0	1		1	0	0	1	
0	0	1	0		1	0	1	0	
0	0	1	1		1	0	1	1	
0	1	0	0		1	1	0	0	
0	1	0	1		1	1	0	1	
0	1	1	0		1	1	1	0	
0	1	1	1		1	1	1	1	

输出逻辑表达式 *L*= ________________。

5．实验报告及思考题

1）整理实验数据，判断各门电路的逻辑功能。

2）回答以下问题。

① 如何判断门电路逻辑功能是否正常？

② 门电路多余输入端应该如何处理？设计电路测试。提示：接地、接电源端、输入端并接。

③ 为什么 TTL 门电路的输入端经过电阻接地后，其状态与阻值有关？

实验 2　组合逻辑电路（半加器、全加器）

1．实验目的

1）加深理解组合逻辑电路的特点和一般分析方法。

2）熟悉组合逻辑电路的设计方法。

3）验证半加器、全加器的功能。

2．实验仪器

1）示波器或万用表，1 台。

2）四 2 输入与非门 74LS00 芯片，1 片。

3）四 2 输入异或门 74LS86 芯片，1 片。

4）六反向器 74LS04 芯片，1 片。

3．实验原理

组合逻辑电路是由门电路组合起来的电路，它可实现较复杂的逻辑功能，其基本特征是：输出端的逻辑状态仅取决于当时的输入状态，而与电路原来的状态无关。

研究组合逻辑电路有以下两类问题。

1）已知逻辑图分析逻辑功能，其步骤如下。

已知逻辑图→写逻辑表达式→进行逻辑化简或变换→列真值表→判断逻辑功能。

已知逻辑图→测试输入、输出逻辑关系→列真值表→判断逻辑功能。

2）已知逻辑要求，画逻辑图，其步骤如下。

已知逻辑要求→列真值表→写逻辑表达式→进行函数化简或变换→画逻辑图。

4．实验内容和步骤

（1）测试半加器的逻辑功能

根据图 5-9 连接电路。输入端 A、B 分别接两个逻辑电平开关，输出端 S_i、C_i 接颜色不同的发光二极管。当输入端 A、B 电平发生变化时，观察输出端 S_i、C_i 的电平指示器的状态并将结果记入表 5-8 中。

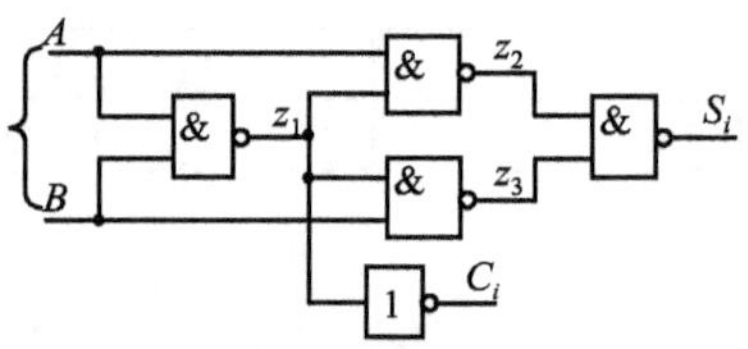

图 5-9　由与非门组成的半加器电路

表 5-8　半加器逻辑真值表

A	B	S_i	C_i
0	0		
0	0		
0	1		
0	1		

写出逻辑表达式：S_i= ________________，　　　　C_i= ________________。

（2）测试全加器的逻辑功能

将 74LS86 芯片、74LS08 芯片和 74LS32 芯片按图 5-10 连线，将电路的 3 个输入端 A_i、B_i 和 C_{i-1} 分别接逻辑开关 A、B、C，两个输出 S_i 和 C_i 分别接电平指示器。改变输入信号的高、低电平，观察输出端的状态变化，并将结果记入表 5-9 中。

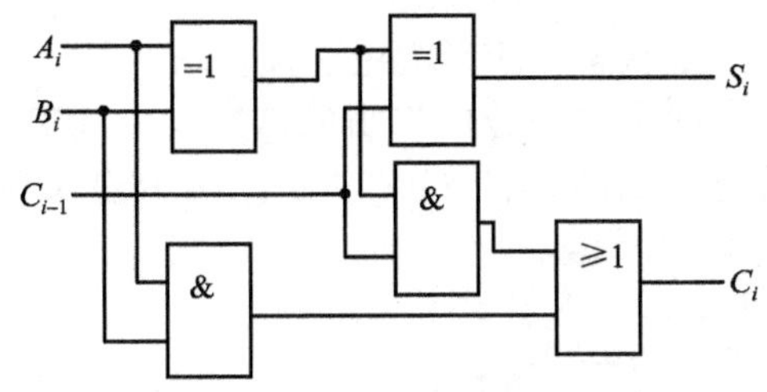

图 5-10　全加器电路图

表 5-9　全加器逻辑真值表

A_i	B_i	C_{i-1}	S_i	C_i	A_i	B_i	C_{i-1}	S_i	C_i
0	0	0			1	0	0		
0	0	1			1	0	1		
0	1	0			1	1	0		
0	1	1			1	1	1		

写出逻辑表达式：S_i= ________________，　　　C_i= ________________。

5．实验报告要求

1）整理归纳实验结果，并进行分析。

2）总结归纳组合逻辑门电路的分析方法。

3）设计其他形式的两位数的全加器。

实验 3　触发器（一）

1．实验目的

1）验证基本 RS 触发器、门控 D 触发器、边沿 JK 触发器的逻辑功能。

2）熟悉常用触发器的使用方法。

2．实验仪器

1）示波器或万用表，1 台。

2）四 2 输入与非门 74LS00 芯片，1 片。

3）六反向器 74LS04 芯片，1 片。

4）双 JK 触发器 74LS76 芯片，1 片。

3．实验原理

触发器是能够存储 1 位二进制码的逻辑电路，它有两个互补输出端，其输出状态不仅与输入有关，而且还与原先的输出状态有关。触发器有两个稳定状态，用以表示逻辑状态“1”和“0”，在一定的外界信号作用下，可以从一个稳定状态翻转到另一个稳定状态。它是一个具有记忆功能的二进制信息存储器件，是构成各种时序电路的最基本的逻辑单元。

（1）基本 RS 触发器

图 5-11（a）是由两个与非门交叉耦合构成的基本 RS 触发器，是无时钟控制低电平直接触发的触发器。基本 RS 触发器具有置“0”、置“1”和保持 3 种功能。通常称$\overline{S}$为置“1”端，因为$\overline{S}$=0 时触发器被置“1”；$\overline{R}$为置“0”端，因为$\overline{R}$=0 时触发器被置“0”。当$\overline{S}=\overline{R}$=1 时

状态保持，当$\overline{S}=\overline{R}=0$时为不定状态，应当避免这种状态。

基本 RS 触发器也可以用两个“或非门”组成，此时为高电平有效。

基本 RS 触发器的逻辑符号如图 5-11（b）所示，两个输入端的边框外侧都画有小圆圈，这是因为置 1 与置 0 都是低电平有效。

图 5-11　两个与非门组成的基本 RS 触发器

（a）逻辑图　（b）逻辑符号

（2）JK 触发器

在输入信号为双端的情况下，JK 触发器是功能完善、使用灵活和通用性较强的一种触发器。本实验采用 74LS112 双 JK 触发器，是下降沿触发的边沿触发器。引脚逻辑图如图 5-12 所示。JK 触发器的状态方程为

$$Q^{n+1}=J\overline{Q}^{n}+\overline{K}Q^{n}$$

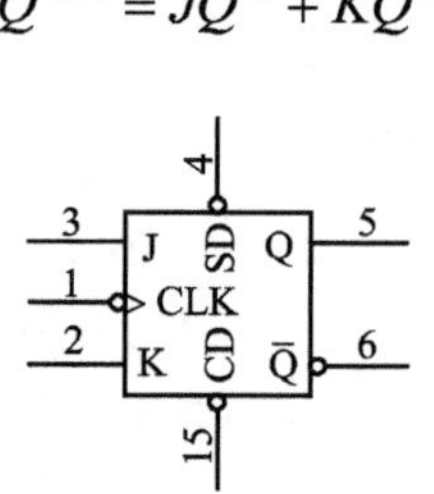

图 5-12　JK 触发器的引脚逻辑图

其中，J 和 K 是数据输入端，是触发器状态更新的依据。若 J、K 有两个或两个以上输入端时，组成“与”的关系。Q 和 $\overline{Q}$ 为两个互补输出端，通常把 Q=0，$\overline{Q}$=1 的状态定为触发器“0”状态；而把 Q=1，$\overline{Q}$=0 定为“1”状态。

JK 触发器常被用作缓冲存储器、移位寄存器和计数器。

（3）T 触发器

在 JK 触发器的状态方程中，令 $J=K=T$，则变换为

$$Q^{n+1}=T\overline{Q^{n}}+\overline{T}Q^{n}$$

这就是 T 触发器的特性方程。

当 T=1 时

$$Q^{n+1}=\overline{Q^{n}}$$

当 T=0 时

$$Q^{n+1}=Q^{n}$$

即当 T=1 时，为翻转状态；当 T=0 时，为保持状态。

（4）D 触发器

在输入信号为单端的情况下，D 触发器用起来更为方便，其状态方程为

$$Q^{n+1} = D$$

其输出状态的更新发生在 CP 脉冲的上升沿，故又称为上升沿触发的边沿触发器。触发器的状态只取决于时钟到来前 D 端的状态。D 触发器的应用很广，可用作数字信号的寄存、移位寄存、分频和波形发生等。有很多型号可供各种用途的需要而选用，如双 D(74LS74，CC4013)，四 D（74LS175，CC4042），六 D（74LS174，CC14174），八 D（74LS374）等。

4．实验内容及步骤

（1）基本 RS 触发器功能测试

图 5-13 为用与非门构成的基本 RS 触发器，实验时在 74LS00 芯片中任选两组与非门组成。$\overline{R}$、$\overline{S}$ 接逻辑开关 A、B，Q、$\overline{Q}$ 接指示器。改变 $\overline{R}$、$\overline{S}$ 的状态，观察输出 Q 和 $\overline{Q}$ 的状态，并将实验结果记入表 5-10 中，写出特性方程表达式。

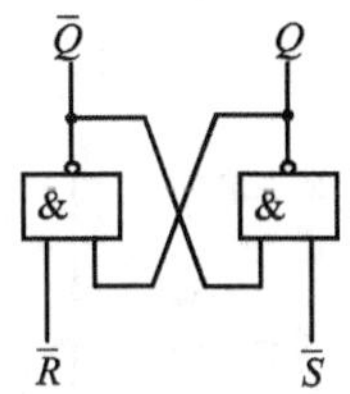

图 5-13 与非门组成基本 RS 触发器

表 5-10 基本 RS 触发器功能表

$\overline{S}$	$\overline{R}$	Q	$\overline{Q}$	功能说明
0	0			
0	1			
1	0			
1	1			

RS 触发器逻辑功能：______________。

Q^{n+1} 特性方程= ______________。

画出 RS 触发器状态转换图。

（2）门控 D 触发器功能测试

将 74LS00 芯片的四输入与非门和 74LS04 芯片按图 5-14 连接电路，信号输入端分别接逻辑开关 E、D。改变 E、D 的输入状态，观察输出端 Q 的状态，并将实验结果记入表 5-11 中，写出其特性方程。

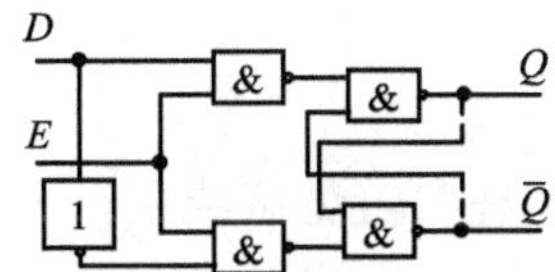

图 5-14 用与非门和非门电路组成门控 D 触发器

表 5-11　门控 D 触发器功能表

E	D	Q	$\overline{Q}$	功能说明
0	0			
0	1			
1	0			
1	1			

D 触发器功能：________________。

特性方程 $Q^{n+1}=$ ________________。

画出 D 触发器状态转换图。

（3）边沿 JK 触发器的功能测试

将 74LS76 芯片按图 5-15 连线，J、K、$\overline{S_D}$、$\overline{R_D}$ 分别接逻辑开关 J、K、S、R，CP 时钟脉冲信号接逻辑开关 C，输出 Q 和 $\overline{Q}$ 端接电平指示器。改变 J、K 状态，观察输出端 Q 和 $\overline{Q}$ 的状态；改变 $\overline{R_D}$、$\overline{S_D}$ 的状态，观察输出端 Q 和 $\overline{Q}$ 的状态，并将结果记入表 5-12 中，写出其特性方程。

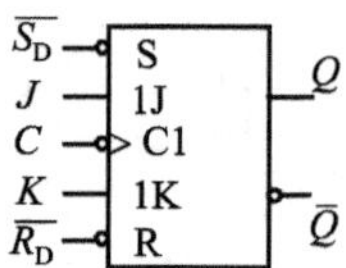

图 5-15　边沿 JK 触发器

表 5-12　边沿 JK 触发器功能表

CP	J　K	$\overline{S_D}$　$\overline{R_D}$	Q^{n+1}　Q^n	功能说明
× ×	×　× ×　×	0　1 1　0		
↑（↓）	0　0	1　1		
↑（↓）	0　1	1　1		
↑（↓）	1　0	1　1		
↑（↓）	1　1	1　1		

JK 触发器功能：________________。　JK 触发器特性方程 $Q^{n+1}=$ ________________。

$\overline{S_D}$ 端名称：________________。　　功能：________________。

$\overline{R_D}$ 端名称：________________。　　功能：________________。

画出 JK 触发器状态转换图。

5．实验报告及思考题

1）记录触发器的逻辑功能，整理实验测试结果。

2）总结触发器输入端的作用。

3）基本 RS 触发器、门控 D 触发器、边沿 JK 触发器的逻辑功能、出发方式有何不同？

实验 4　触发器（二）

1．实验目的

1）掌握三态触发器和锁存器的功能及使用方法。

2）学习用三态触发器和锁存器构造简单电路。

2．实验仪器

1）智能数字逻辑实验仪，1 台。

2）4 位双稳态 D 锁存器 74LS77 芯片，1 片。

3）4 位三态输出 RS 锁存器 CD4043 芯片，1 片。

4）示波器或万用表，1 台。

5）导线若干根。

3．实验原理

在实际的数字系统中，通常把能够用来存储一组二进制代码的同步时序逻辑电路称为寄存器，且这种时序逻辑电路只包含存储电路。寄存器是由锁存器或触发器构成的，因为一个锁存器或触发器能存储 1 位二进制数，所以由 N 个锁存器或触发器可以构成 N 位寄存器。触发器是在时钟的边沿进行数据的锁存的，而锁存器则是用电平使能来锁存数据。寄存器是用来存放数据的一些小型存储区域，用来暂时存放参与运算的数据及运算结果。

锁存器不同于触发器，它不锁存数据时，输出端的信号随输入信号变化，就像信号通过一个缓冲器一样；锁存器起锁存作用时，数据被锁住，输入信号不起作用。锁存器也称为透明锁存器，指的是不锁存时输出对于输入是透明的。也就是说，由 0 变为 1 时刻将数据 D 锁定并保持，直到下降沿由 1 变为 0。

锁存器是控制信号上升沿锁存数据，高电平保持，输入数据可以直达输出端。有的锁存器是控制信号下降沿锁存，低电平保持，即加一个非门将控制信号反相；有的锁存器在输出端加一个三态门，由另一个控制信号控制；另外，还有的锁存器带有直接置 0（清除）、置 1（预置）输入端，等同于触发器的 R_D、S_D 端。

集成锁存器有多种型号，如 TTL 的 74LS77、74LS363 等，也有 CMOS 的，如 4508、4042、74HL373 等，需要使用时可以查阅手册。

4．实验内容及步骤

（1）锁存器的功能及应用

1）按图 5-16 连接电路，74LS77 的 D_0～D_3 接 BCD 码拨码开关，E_{01}、E_{23} 接在一起作为锁存选通信号 EN 接一个逻辑电平，Q_0～Q_3 分别接到 BCD7 段译码器的 A～D 端（LED 显示已经接有 BCD 码显示驱动），LED 显示数据输出。

2）观察 EN 端设为高或低电平时，输出数字的变化。

3）验证锁存器的功能并列出功能表。

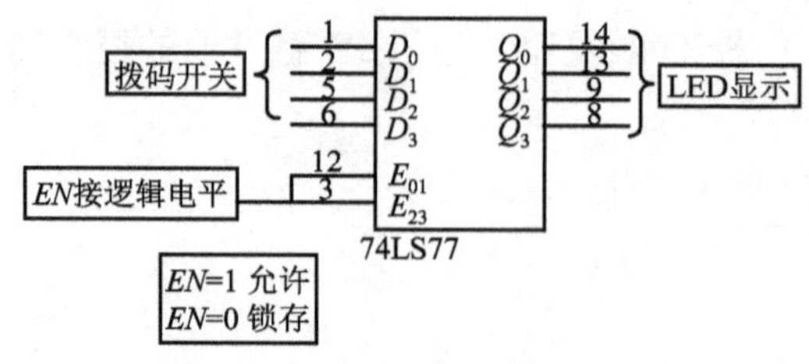

图 5-16　锁存器功能测试电路

（2）三态触发器的功能及应用

1）按图 5-17 连接电路，CD4043 的 S_0～S_3 接 BCD 码拨码开关，R_0～R_3 接在一起作为锁存选通信号 EN 接一个逻辑电平，Q_0～Q_3 分别接到 BCD 转 7 段译码器的 A～D 端（LED 显示已经接有 BCD 码显示驱动），LED 显示数据输出。

2）观察 R、EN 端设位高或低电平时，输出数字的变化。

3）验证触发器的功能并列出功能表。

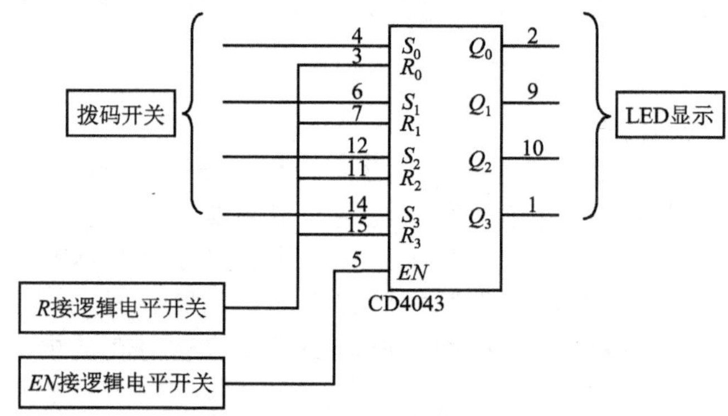

图 5-17　三态触发器功能测试电路

提示：A、B、C、D 分别对应 BCD 码的 1、2、4、8 位。

注意：

① 不用的输入端必须接地，输出端可悬空。

② 注意判别高阻状态。在高阻状态下，用万用表电压挡测量电压时为 0 V，用电阻挡测量电阻为无穷大。

5．实验报告要求

1）总结三态输出触发器的特点。

2）总结锁存器的组成、功能以及应用。

实验 5　计数器电路

1．实验目的

1）掌握各种进制计数器的功能、特点及使用方法。

2）掌握计数器级联方法及其特点。

3）掌握常用时序电路分析和测试的方法。

4）训练独立进行实验的技能。

2．实验仪器

1）示波器或万用表，1 台。

2）双 JK 触发器 74LS73 芯片，2 片。

3）四 2 输入与非门 74LS00 芯片，1 片。

4）六反向器 74LS04 芯片，1 片。

5）4 位二进制同步计数器 74LS163 芯片，1 片。

6）十进制同步计数器 74LS160 芯片，1 片。

7）导线若干根。

3．实验原理

计数器是一个用以实现计数功能的时序部件，它不仅可用来计脉冲数，还常用作数字系统的定时、分频和执行数字运算以及其他特定的逻辑功能。

计数器种类很多，可以从不同的角度来进行分类。

1）按构成计数器中的各触发器是否使用同一个时钟脉冲源来分，有同步计数器和异步计数器。

2）根据计数制的不同，分为二进制计数器、十进制计数器和任意进制计数器。

3）根据计数的增减趋势，分为加法、减法和可逆计数器。

此外，还有可预置数和可编程功能计数器等多种计数器。

① 用复位法获得任意进制计数器的方法如下。假定已有 N 进制计数器，而需要得到一个 M 进制计数器时，只要 $M<N$，用复位法使计数器计数到 M 时置“0”，即获得 M 进制计数器。这种方法适用于有清零输入端的集成计数器。对于异步清零芯片，只要 $R_D=0$，不管计数器的输出为何种状态，它都会立即回到全“0”状态。清零信号消失后，计数器从全“0”开始重新计数。

② 利用预置功能获得 M 进制计数器适用于具有预置数功能的集成计数器。对于具有同步预置数功能的集成计数器而言，在其计数过程中，可以将它输出的任何一个状态通过译码，产生一个预置控制信号反馈至预置数控制端，在下一个 CP 脉冲作用下，计数器就会把预置数输入端的数据送入输出端。预置数控制信号消失后，计数器就从被置入的状态开始重新计数。

4．实验内容和步骤

（1）二进制计数器功能测试

二进制加法计数器 74LS163 按图 5-18 连线。CP 接连续脉冲，输出 Q 接波形显示仪和七段译码显示器。观察在 CP 作用下，输出 Q 的状态，将与 CP 对应的输出 Q 的波形记入表 5-13 中，并画出状态转换图，说明其功能。

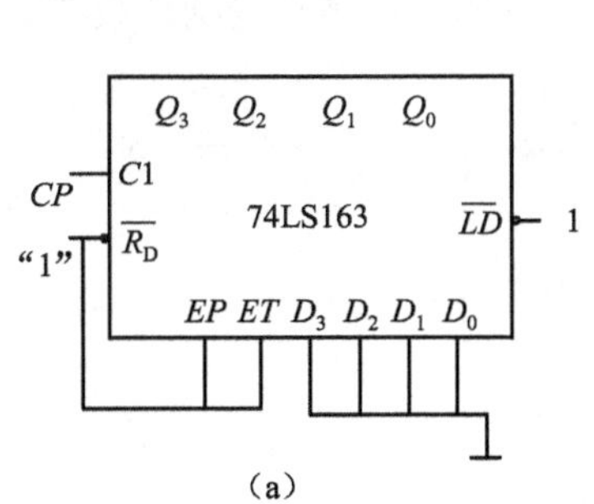

（a）

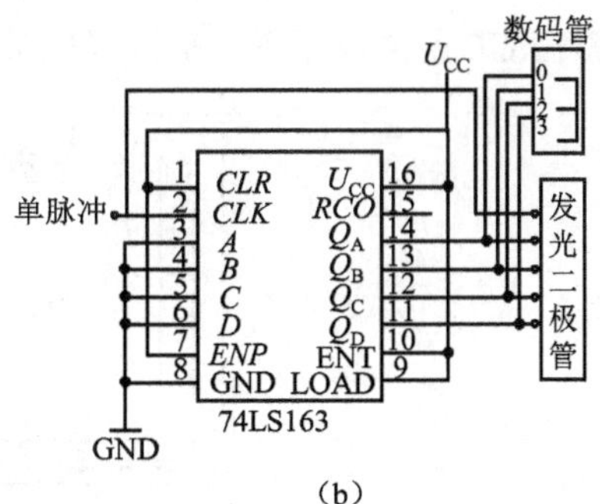

（b）

图 5-18　74LS163 功能测试电路

（a）逻辑电路图　（b）测试连线图

表 5-13　二进制加法计数器的波形

波形图	CP	
	Q_0	
	Q_1	
	Q_2	
	Q_3	

（2）N 进制计数器功能测试

N 进制加法计数器 74LS163 按图 5-19 要求连线。CP 接连续脉冲，输出 Q 接波形显示仪和七段译码显示器。观察在 CP 作用下，输出 Q 的状态，将与 CP 对应的输出 Q 的波形记入表 5-14 中，并画出状态转换图，说明电路是几进制计数器。

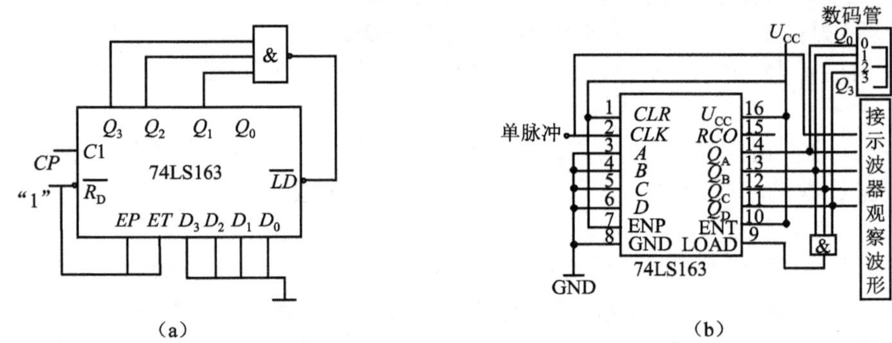

图 5-19　N 进制加法计数器

（a）逻辑电路图　（b）测试连线图

表 5-14　N 进制加法计数器的波形

波形图	CP	
	Q_0	
	Q_1	
	Q_2	
	Q_3	

（3）十进制同步计数器 74LS160 级联使用

十进制计数器 76LS160 组成的电路按图 5-20 连线，CP 接连续脉冲，输出接七段译码显示器。观察在 CP 脉冲作用下，七段译码显示器的显示情况，说明电路是几进制计数器。

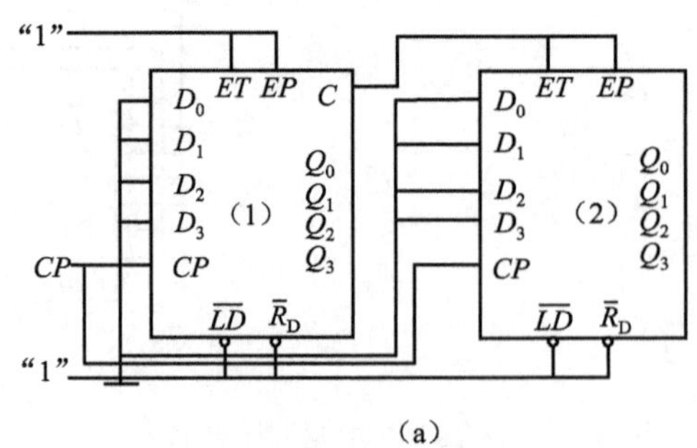

（a）

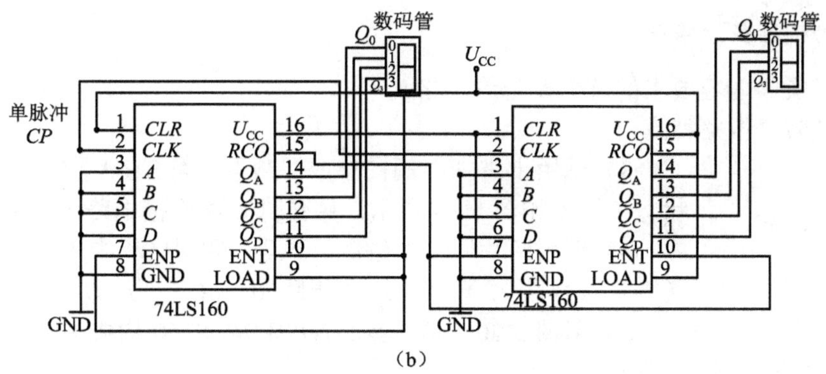

（b）

图 5-20　十进制同步计数器级联使用

（a）逻辑电路图　（b）测试连线图

功能说明：____。

（4）异步二进制计数器

1）将双 JK 触发器 74LS73 芯片按图 5-21 接线。

2）由 CP 端输入单脉冲，测试并记录 Q_A～Q_D 端状态及波形。

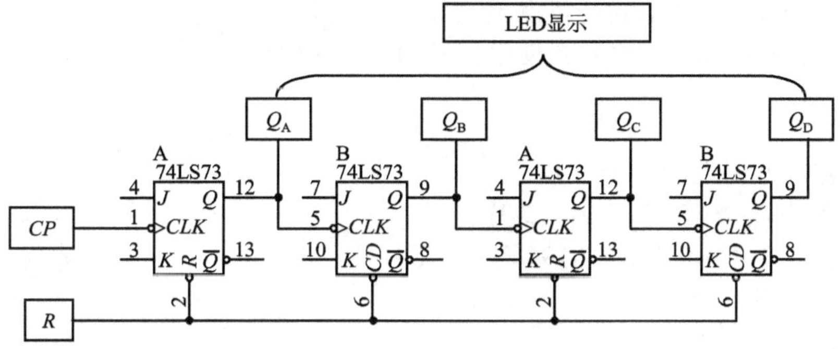

图 5-21　异步二进制计数器

（5）异步二—十进制加法计数

1）将双 JK 触发器 74LS73 芯片和 74LS00、74LS04 芯片按图 5-22 接线。Q_A、Q_B、Q_C、Q_D 输出端分别接发光二极管显示，CP 端接连续脉冲或单脉冲。

2）在 CP 端接连续脉冲，观察 CP、Q_A、Q_B、Q_C、Q_D 的波形。

3）画出 CP、Q_A、Q_B、Q_C、Q_D 的波形。

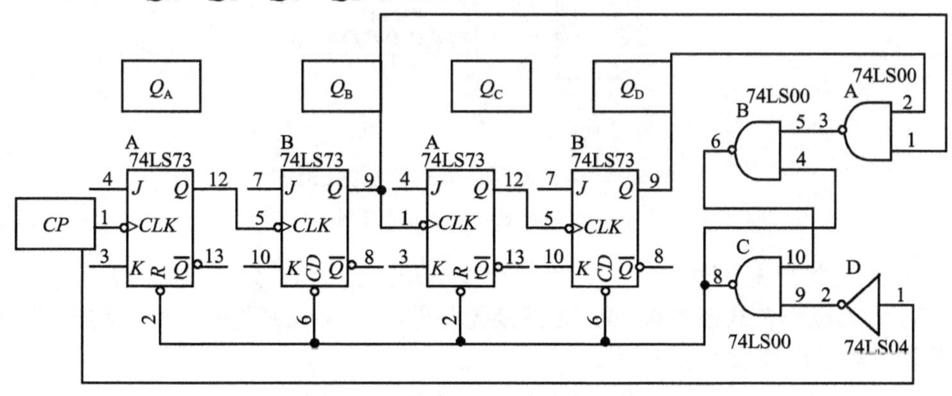

图 5-22　异步二 — 十进制计数器

5．实验报告及思考题

1）画出实验内容要求的波形及记录表格。

2）总结时序电路特点。

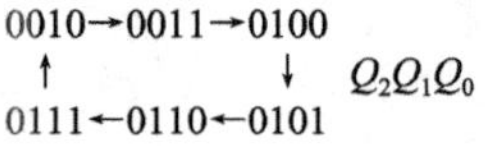

3）试用十进制中规模集成计数器 74LS160 构成六进制计数器，状态转换图如图 5-23 所示，用仿真软件连接电路图，并验证结果。

0010→0011→0100
↑　　　　　　↓　$Q_2Q_1Q_0$
0111←0110←0101

图 5-23　六进制计数状态转换

4）试用两片同步十进制计数器 74LS160 构成六—十进制计数器（级联法），用仿真软件连接电路图，并验证结果。

5）用图 5-20（a）所示方法将 74LS160 构成 100 进制计数器可以吗？说明理由并用测试电路验证。

实验 6　移位寄存器

1．实验目的

1）掌握双向移位寄存器功能特点。

2）学习双向移位寄存器芯片的使用、引脚定义和功能。

2．实验仪器

1）示波器或万用表，1 台。

2）四 D 触发器 74LS175 芯片，1 片。

3）4 位双向移位寄存器 74LS194 芯片，1 片。

4）导线若干根。

3．实验原理

1）移位寄存器是指寄存器中所存的代码能够在移位脉冲的作用下依次左移或右移。74LS194 是一个 4 位双向移位寄存器，最高时钟脉冲为 36 MHz，其逻辑符号及引脚排列如图 5-24 所示。

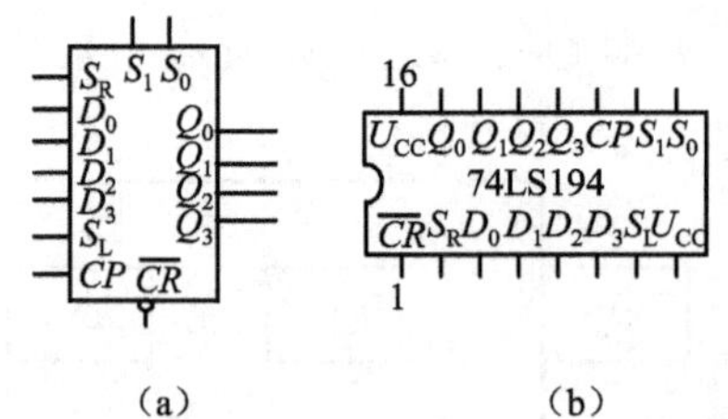

图 5-24　4 位双向移位寄存器 74LS194

（a）逻辑符号　（b）引脚排列

其中，D_0～D_1 为并行输入端，Q_0～Q_3 为并行输出端，S_R 为右移串引输入端，S_L 为左移串引输入端，S_1、S_0 为操作模式控制端，CR 为直接无条件清零端，CP 为时钟脉冲输入端。74LS194 模式控制及状态输出如表 5-15 所示。

表 5-15　74LS194 逻辑功能表

CP	$\overline{CR}$	S_1	S_0	功　能	$Q_3Q_2Q_1Q_0$
×	0	×	×	清除	$\overline{CR}$=0 时，$Q_3Q_2Q_1Q_0$=0000 正常工作时，$\overline{CR}$ 置 1
↑	1	1	1	送数	$Q_3Q_2Q_1Q_0=D_3D_2D_1D_0$ 此时串行数据（S_R，S_L）被禁止
↑	1	0	0	右移	$Q_3Q_2Q_1Q_0=D_{SR}Q_3Q_2Q_1$
↑	1	0	0	左移	$Q_3Q_2Q_1Q_0=Q_3Q_2Q_1D_{SL}$
↑	1	0	0	保持	$Q_3Q_2Q_1Q_0=Q_3^nQ_2^nQ_1^nQ_0^n$
↓	1	×	×	保持	$Q_3Q_2Q_1Q_0=Q_3^nQ_2^nQ_1^nQ_0^n$

2）用 74 LS194 构成 8 位移位寄存器，如图 5-25 所示。将芯片（1）的 Q_3 接至芯片（2）的 S_R，将芯片（2）的 Q_4 接至芯片（1）的 S_L，即可构成 8 位的移位寄存器。

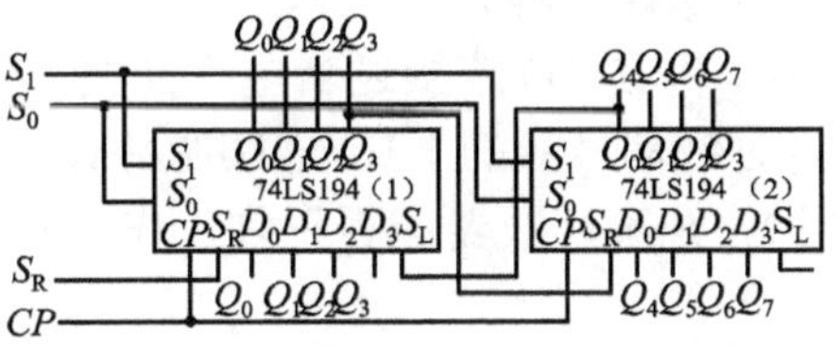

图 5-25　74LS194 构成 8 位移位寄存器

4．实验内容及步骤

（1）4 位双向移位寄存器的功能测试

双向移位寄存器 74LS194 按图 5-26 连线。右移串行输入端 D_{IR}、左移串行输入端 D_{IL}、异步复位端 $\overline{R_D}$、控制端 S_1 与 S_0 分别接逻辑开关，输出 Q 接电平指示器，输入脉冲 CP 接单脉冲。自行设计并改变 S_1 与 S_0、输入 D_{IR} 与 D_{IL} 的状态，观察输出 Q 的状态，记入表 5-16 中，说明其功能，并对照其功能表（见表 5-17）检验实验的正确与否。

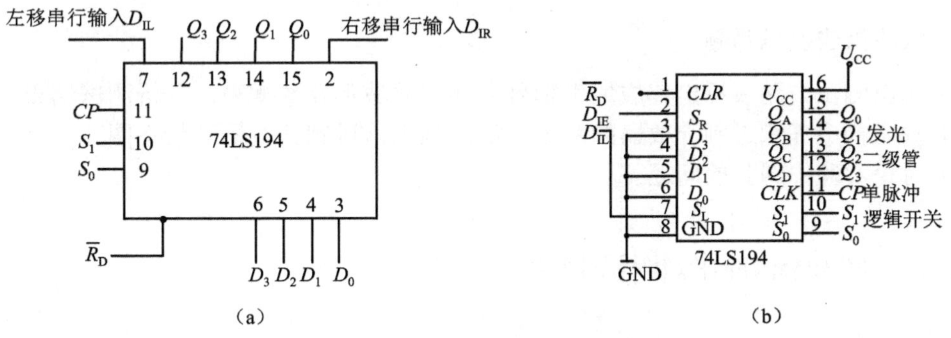

图 5-26　74LS194 双向移位功能测试

（a）逻辑电路图　（b）测试连线图

表 5-16　74LS194 功能测试数据

CP	$\overline{R_D}$	$S_1 S_0$	$D_3 D_2 D_1 D_0$	$Q_3 Q_2 Q_1 Q_0$

功能说明：________________________。

表 5-17　74LS194 功能表

输　入										输　出				作　用
清除	模式		时钟	串 行 输 入		并 行 输 入								
1	10	9	11	7	2	3	4	5	6	15	14	13	12	
CR	M_1	M_0	CP	D_{SL}	D_{SR}	D_0	D_1	D_2	D_3	Q_0	Q_1	Q_2	Q_3	
L	×	×	×	×	×	×	×	×	×	L	L	L	L	清零
H	×	×	L	×	×	×	×	×	×	Q_{0n}	Q_{1n}	Q_{2n}	Q_{3n}	不工作
H	H	H	↑	×	×	d_0	d_1	d_2	d_3	d_0	d_1	d_2	d_3	置数
H	L	H	↑	×	H	×	×	×	×	H	Q_{0n}	Q_{1n}	Q_{2n}	右移

（2）自循环移位寄存器（环形计数器）

将 74LS175 按图 5-27 接线，将 A～D 连接逻辑电平开关，设为 1 000，CP 用单脉冲计数，记录各触发器的状态。再改为时钟信号源的 1 Hz 连续脉冲计数，将其中一个为“0”的电平开关设为“1”（当做干扰信号），观察计数器能否正常工作。R 为清零端，接逻辑电平。试分析原因并提出解决办法。

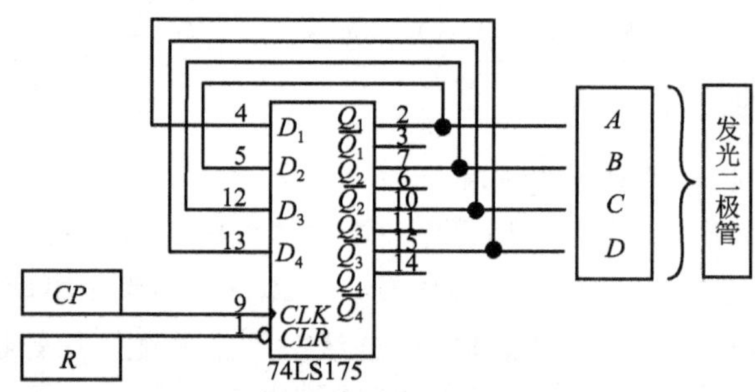

图 5-27　自循环移位寄存器

5．实验报告及思考题

1）画出测试电路（标出集成块引脚号）和实验波形及数据表，分析测试结果。

2）说明构成任意进制计数器的两种方法。画出六进制计数器的状态图。

3）讨论实验中遇到的问题。

实验 7　译码器和数据选择器

1．实验目的

1）掌握译码器电路的功能、特点及其测试方法。

2）掌握译码器的级联方法及测试方法。

3）掌握 4 选 1 数据选择器的逻辑功能及测试方法。

4）掌握数据选择器的级联方法及测试方法。

5）掌握 3 线—8 线译码器的应用方法及测试。

2．实验仪器

1）示波器或万用表，1 台。

2）双 2 线—4 线译码器 74LS139 芯片，1 片。

3）双 4 选 1 数据选择器 74LS253 芯片，1 片。

4）六反相器 74LS04 芯片，1 片。

5）四 2 输入或门 74LS32，1 片。

6）3 线—8 线译码器 74LS138 芯片，1 片。

7）四 2 输入与非门 74LS00 芯片，1 片。

8）导线若干根。

3．实验原理

（1）译码器

译码器的逻辑功能是将每个输入的二进制代码译成对应的高、低电平信号。译码器按功能可分为两大类，即通用译码器和显示译码器。通用译码器又包括变量译码器（n 线－2^n 线译码器）和代码变换译码器。

变量译码器是一种完全译码器，它将一系列输入代码转换成与之一一对应的有效信号。这种译码器可称为唯一地址译码器，如 3 线－8 线、4 线－16 线译码器等。

代码变换译码器是将一种代码转换成另一种代码，它用于一个数据的不同代码之间的相互转换，如 4 线—10 线译码器等。

显示译码器用来将数字、文字或者符号的代码译成相应的数字、文字或符号的电路，如 BCD—七段显示译码器等。

（2）数据选择器

数据选择器也称为多路选择器或多路开关，其基本功能是：在选择输入（又称地址输入）信号的控制下，从多路输入数据中选择某一路数据作为输出。因此，数据选择器实现的是时分多路传输电路中发送端电子开关的功能，故又称为复用器（Multiplexer），并用 MUX 来表示。一般数据选择器有 n 个地址输入端，2^n 个数据输入端，一个数据输出端或反码数据输出端，同时还有选通端（又称使能端、片选端）。在数字系统中，数据选择器以其使用灵活方便、开发性强等特点被广泛采用。

目前常用的数据选择器有 2 选 1、4 选 1、8 选 1 和 16 选 1 等多种类型。

4．实验内容及步骤

（1）译码器功能测试

74LS139 双 2 线—4 线译码器如图 5-28 所示。输入端 D_0、D_1 接逻辑开关 A、B，输出 Y_0～Y_3 接电平指示器。改变输入信号 D_0、D_1 的状态，观察输出，写出 Y_0～Y_3 的数值（见表 5-18）及其表达式。

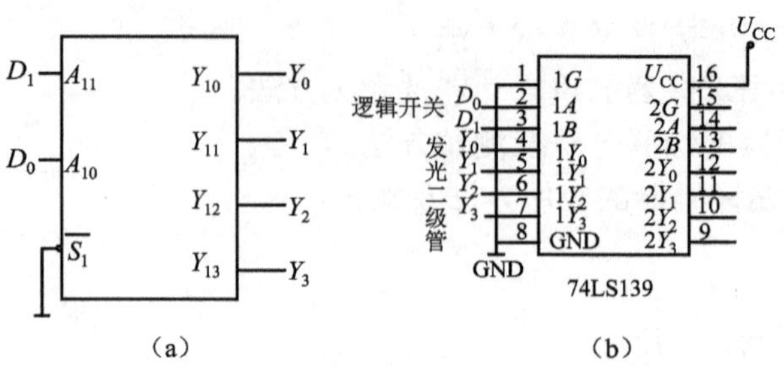

图 5-28　74LS139—译码器电路图

（a）逻辑电路图　（b）测试连线图

表 5-18　74LS139 译码器功能表

D_1　D_0	Y_3　Y_2　Y_1　Y_0
0　0	
0　1	
1　0	
1　1	

Y_3= ______________，Y_2= ______________，Y_1= ______________，Y_0= ______________。

（2）译码器的级联应用

用双 2 线—4 线译码器 74LS139 组成的 3 线—8 线译码器电路如图 5-29 所示。输入端 D_0～D_2 接逻辑开关 0、1、2，输出 Y_0～Y_7 接电平指示器。改变输入信号 D_0～D_2 的状态，观察输出，写出 Y_0～Y_7 的数值（表 5-19）及其表达式。

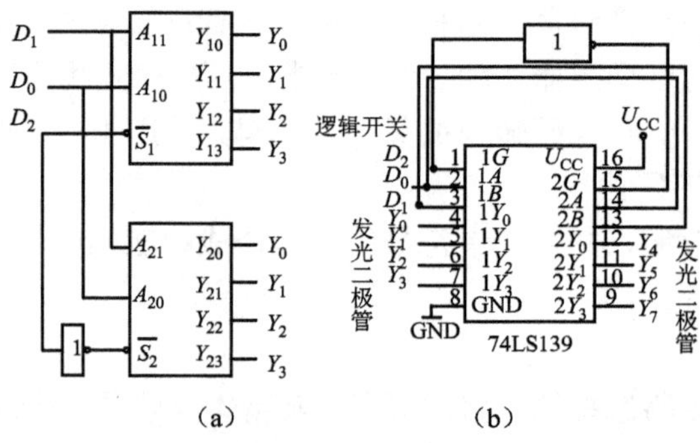

图 5-29　74LS139 构成 3 线—8 线译码器

（a）逻辑电路图　（b）测试连线图

表 5-19　3 线—8 线译码器功能表

D_2　D_1　D_0	Y_7　Y_6　Y_5　Y_4　Y_3　Y_2　Y_1　Y_0
0　0　0	
0　0　1	
0　1　0	
0　1　1	
1　0　0	
1　0　1	
1　1　0	
1　1　1	

Y_7= ______________，Y_6= ______________，

Y_5= ______________，Y_4= ______________，

Y_3= ________________，Y_2= ________________，

Y_1= ________________，Y_0= ________________。

（3）数据选择器功能测试

将双 4 选 1 数据选择器 74LS253 按图 5-30 连线。信号输入端 D、C、B、A 分别接逻辑开关 6、8、4、3，选通端 A_1、A_0 接逻辑开关 B、A。在 D、C、B、A 状态确定的条件下，改变选通端 A_1、A_0 的状态，观察输出 Y，并将实验结果记入表 5-20 中。

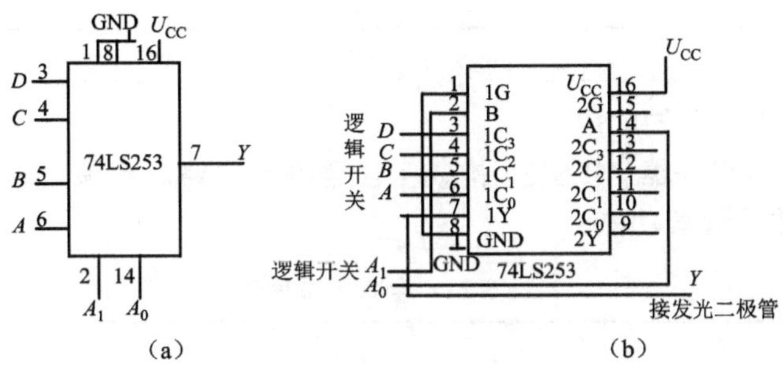

图 5-30　数据选择器 74LS253 测试电路

（a）电路逻辑图　（b）测试连线图

表 5-20　数据选择器测试功能表

A_1　A_0	D	C	B	A	Y
0　0	×	×	×	0	
	×	×	×	1	
0　1	×	×	0	×	
	×	×	1	×	
1　0	×	0	×	×	
	×	1	×	×	
1　0	0	×	×	×	
	1	×	×	×	

由真值表可知 Y= ________________________。

（4）数据选择器级联应用

双 4 选 1 多路数据选择器 74LS253 接成的 8 选 1 数据选择器电路如图 5-31 所示，按测试图连线，选通输入 A_0、A_1、A_2 信号分别接逻辑开关 A、B、C，D_0～D_7 分别对应接逻辑开关 0～7，输出 Y 接电平指示器。改变 A_2、A_1、A_0 和输入 D_0～D_7 的状态（自行设计），观察输出 Y 的状态，并把实验结果记入表 5-21 中，说明电路功能。

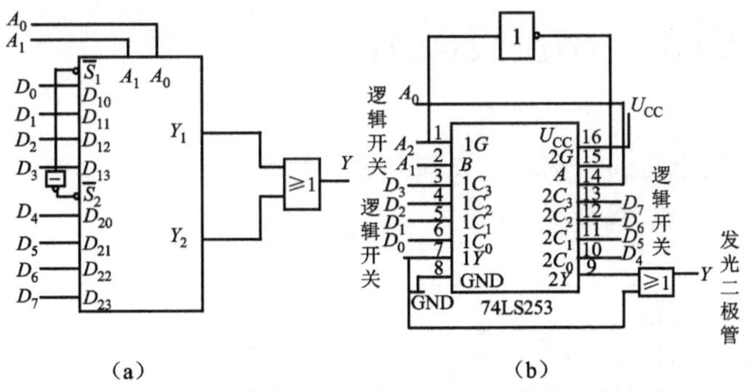

图 5-31　4 选 1 数据选择器构成 8 选 1 数据选择器电路

（a）电路原理图　（b）测试连线图

表 5-21　8 选 1 数据选择器功能测试数据功能表

A_2　A_1　A_0	Y
0　0　0	
0　0　1	
0　1　0	
0　1　1	
1　0　0	
1　0　1	
1　1　0	
1　1　1	

逻辑表达式 $Y=$ ________________。功能说明：________________。

（5）3 线—8 线译码器的应用

用一片 3 线—8 线译码器 74LS138 构成 1 位全减器电路。全减器真值表如表 5-22 所示，画出电路连线图，并检验其功能。

表 5-22　全减器真值表

输　入			输　出	
A_i	B_i	C_{i-1}	D_i	C_i
0	0	0	0	0
0	0	1	1	1
0	1	0	1	1
0	1	1	0	1
1	0	0	1	0
1	0	1	0	0
1	1	0	0	0
1	1	1	1	1

$D_i=$ ________________，　　　$C_i=$ ________________。

5．实验报告及思考题

1）画出实验要求的波形图。

2）总结译码器和数据选择器的使用方法。

3）译码器和数据选择器有何不同，是否可以互用？

4）试述用中规模集成全加器、译码器、数据选择器设计一般组合电路的方法。

实验 8　555 时基电路及其应用

1．实验目的

1）熟悉 555 时基电路的结构、工作原理及其特点。

2）掌握 555 时基电路的基本应用。

2．实验仪器

1）双踪示波器，一台。

2）555 定时器，1 只。

3）二极管 2CK13，2 只。

4）其他元器件：电位器、电阻、电容若干。

3．实验原理

555 时基电路又称为 555 定时器或 555 电路，是一种数字、模拟混合型的中规模集成电路，应用十分广泛。它是一种产生时间延迟和多种脉冲信号的电路，由于内部电压标准使用了 3 个 5 kΩ的电阻，故取名 555 电路。其电路类型有双极型和 CMOS 型两大类，二者的结构与工作原理类似。几乎所有的双极型产品型号最后的三位数码都是 555 或 556；所有的 CMOS 产品型号最后四位数码都是 7555 或 7556，二者的逻辑功能和引脚排列完全相同，易于互换。555 和 7555 是单定时器。556 和 7556 是双定时器。双极型的电源电压为 5～15 V，输出的最大电流可达 200 mA；CMOS 型的电源电压为 3～18 V。

（1）555 定时器的工作原理

555 定时器的内部电路方框图如图 5-32 所示。它含有两个电压比较器，一个基本 RS 触发器，一个放电开关管 VT，比较器的参考电压由 3 个 5 kΩ的电阻构成的分压器提供。它们分别使高电平比较器 A_1 的同相输入端和低电平比较器 A_2 的反相输入端的参考电平为 $\frac{2}{3}U_{CC}$ 和 $\frac{1}{3}U_{CC}$。A_1 与 A_2 的输出端控制 RS 触发器状态和放电管开关状态。当输入信号自 6 脚，即高电平触发输入并超过参考电平 $\frac{2}{3}U_{CC}$ 时，触发器复位，555 定时器的输出端 3 脚输出低电平，同时放电开关管导通；当输入信号自 2 脚输入并低于 $\frac{1}{3}U_{CC}$ 时，触发器置位，555 定时器的 3 脚输出高电平，同时放电开关管截止。$\bar{R}_D$ 是复位端（4 脚），当 $\bar{R}_D=0$，555 输出低电平。平时 $\bar{R}_D$ 端开路或接 U_{CC}。

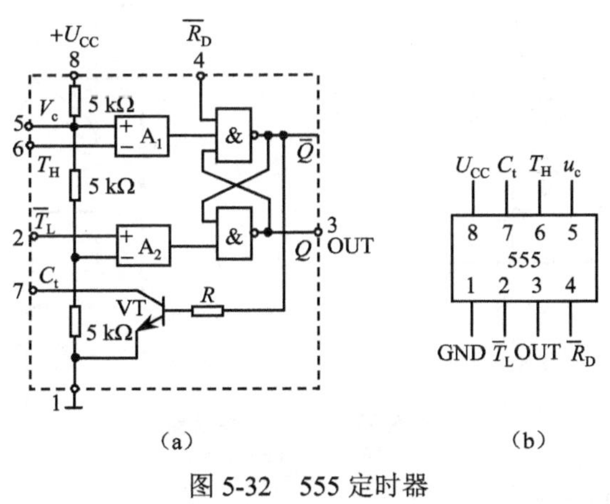

（a）　（b）

图 5-32　555 定时器

（a）内部框图　（b）引脚排列

u_c 是控制电压端（5 脚），平时输出 $\frac{2}{3}U_{CC}$ 作为比较器 A_1 的参考电平，当 5 脚外接一个输入电压，即改变了比较器的参考电平，从而实现对输出的另一种控制，在不接外加电压时，通常接一个 0.01 μF 的电容到地，起滤波作用，以消除外来的干扰，从而确保参考电平的稳定。

VT 为放电管，当 VT 导通时，将给接于 7 脚的电容提供低阻放电通路。555 定时器主要是与电阻、电容构成充放电电路，并由两个比较器来检测电容上的电压，以确定输出电平的高低和放电开关管的通断。这就很方便地构成从微秒到数十分钟的延时电路，可方便地构成单稳态触发器、多谐振荡器、施密特触发器等脉冲产生或波形变换电路。

（2）555 定时器的典型应用

1）构成单稳态触发器。图 5-33（a）为由 555 定时器和外接定时元件 R、C 构成的单稳态触发器。触发电路由 C_1、R_1、VD 构成，其中 VD 为钳位二极管，稳态时 555 定时器输入端处于电源电平，内部放电开关管 VT 导通，输出端 F 输出低电平，当有一个外部负脉冲触发信号经 C_1 加到 2 脚，并使 2 脚电位瞬时低于 $\frac{1}{3}U_{CC}$，低电平比较器动作，单稳态电路即开始一个暂态过程，电容 C 开始充电，V_c 按指数规律增长。当 V_c 充电到 $\frac{2}{3}U_{CC}$ 时，高电平比较器动作，比较器翻转，输出 u_o 从高电平返回低电平，放电开关管 VT 重新导通，电容 C 上的电荷很快经放电开关管 VT 放电，暂态结束，恢复稳态，为下个触发脉冲的来到作好准备。波形图如图 5-33（b）所示。

暂稳态的持续时间 t_w（即为延时时间）决定于外接元件 R、C 值的大小，即

$$t_w = 1.1RC$$

通过改变 R、C 的大小，可使延时时间在几个微秒到几十分钟之间变化。当这种单稳态电路作为计时器时，可直接驱动小型继电器，并可以使用复位端（4 脚）接地的方法来中止暂态，重新计时。此外尚须用一个续流二极管与继电器线圈并接，以防继电器线圈反电势损坏内部功率管。

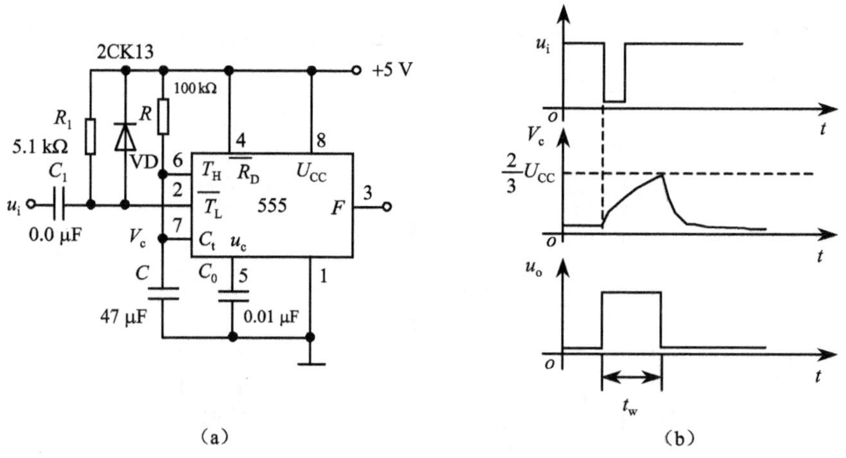

（a）　　　　　　　　　　（b）

图 5-33　单稳态触发器

（a）电路图　（b）波形图

2）构成多谐振荡器。

图 5-34（a）为由 555 定时器和外接元件 R_1、R_2、C 构成的多谐振荡器，2 脚与 6 脚直接相连。电路没有稳态，仅存在两个暂稳态，电路亦不需要外加触发信号，利用电源通过 R_1、R_2 向 C 充电，C 通过 R_2 向放电端 C_t 放电，使电路产生振荡。

电容 C 在 $\frac{1}{3}U_{CC}$ 和 $\frac{2}{3}U_{CC}$ 之间充电和放电，其波形如图 5-34（b）所示。

输出信号的时间参数是 $T=t_{w1}+t_{w2}$，$t_{w1}=0.7(R_1+R_2)C$，$t_{w2}=0.7R_2C$。555 定时器要求 R_1 与 R_2 均应大于或等于 1 kΩ，但 R_1+R_2 应小于或等于 3.3 MΩ。

外部元件的稳定性决定了多谐振荡器的稳定性，555 定时器配以少量的元器件即可获得较高精度的振荡频率和具有较强的功率输出能力。因此这种形式的多谐振荡器应用很广。

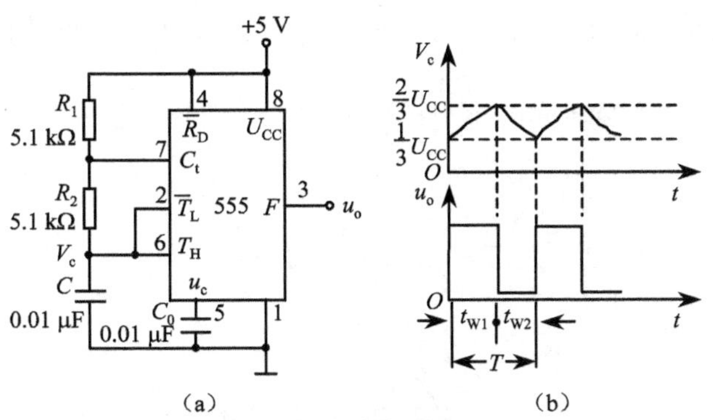

图 5-34 多谐振荡器

（a）电路图 （b）波形图

3）组成占空比可调的多谐振荡器。电路如图 5-35 所示，它比图 5-34 增加了一个电位器和两个导引二极管。VD_1、VD_2 用来决定电容充、放电电流流经电阻的途径（充电时 VD_1 导通，VD_2 截止；放电时 VD_2 导通，VD_1 截止）。

占空比

$$P=\frac{t_{w1}}{t_{w1}+t_{w2}}\approx\frac{0.7R_AC}{0.7(R_A+R_B)\ C}=\frac{R_A}{R_A+R_B}$$

可见，若取 $R_A=R_B$ 电路即可输出占空比为 50%的方波信号。

4）组成占空比连续可调并能调节振荡频率的多谐振荡器。电路如图 5-36 所示。对 C_1 充电时，充电电流通过 R_1、VD_1、R_{P2} 和 R_{P1}；放电时通过 R_{P1}、R_{P2}、VD_2、R_2。当 $R_1=R_2$、R_{P2} 调至中心点，因充放电时间基本相等，其占空比约为 50%，此时调节 R_{P1} 仅改变频率，占空比不变。如 R_{P2} 调至偏离中心点，再调节 R_{P1}，不仅振荡频率改变，而且对占空比也有影响。R_{P1} 不变，调节 R_{P2}，仅改变占空比，对频率无影响。因此，当接通电源后，应首先调节 R_{P1} 使频率至规定值，再调节 R_{P2}，以获得需要的占空比。若频率调节的范围比较大，还可以用波段开关改变 C_1 的值。

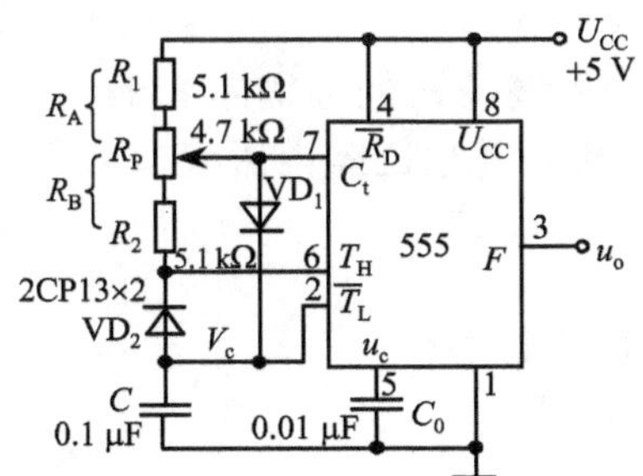

图 5-35 占空比可调的多谐振荡器

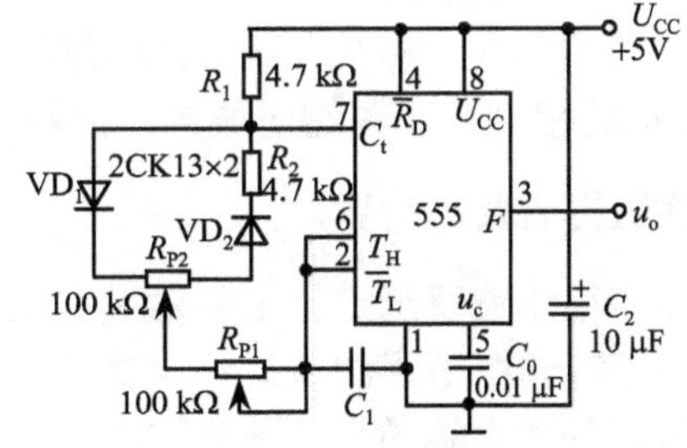

图 5-36 占空比与频率均可调的多谐振荡器

5）组成施密特触发器。电路如图 5-37 所示，只要将 2 脚、6 脚连在一起作为信号输入端，即得到施密特触发器。图 5-38 给出了 u_s，u_i 和 u_o 的波形图。

设被整形变换的电压为正弦波 u_s，其正半波通过二极管 VD 同时加到 555 定时器的 2 脚和 6 脚，得 u_i 为半波整流波形。当 u_i 上升到 $\frac{2}{3}U_{CC}$ 时，u_o 从高电平翻转为低电平；当 u_i 下降到 $\frac{1}{3}U_{CC}$ 时，u_o 又从低电平翻转为高电平。电路的电压传输特性曲线如图 5-39 所示。

回差电压为

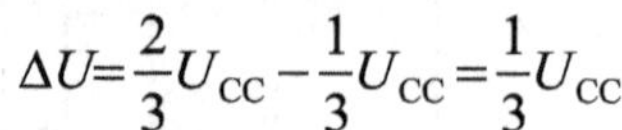

$$\Delta U=\frac{2}{3}U_{CC}-\frac{1}{3}U_{CC}=\frac{1}{3}U_{CC}$$

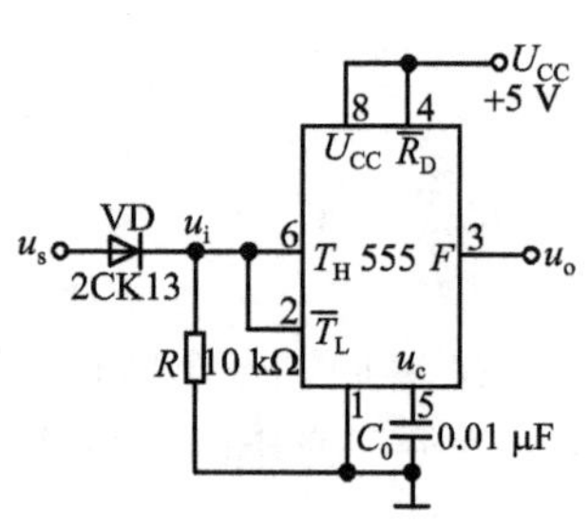

图 5-37　施密特触发器

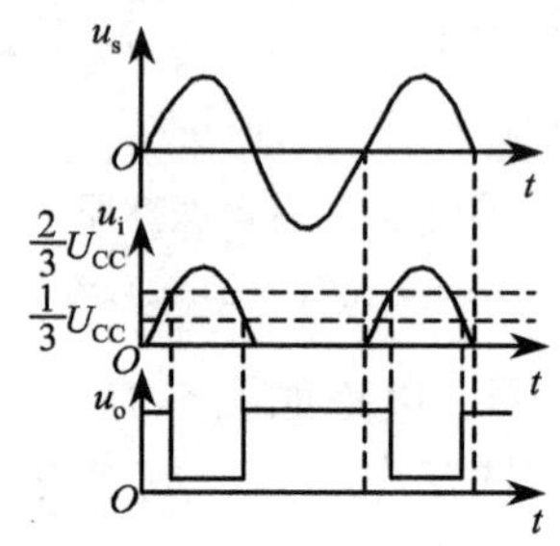

图 5-38　波形变换图

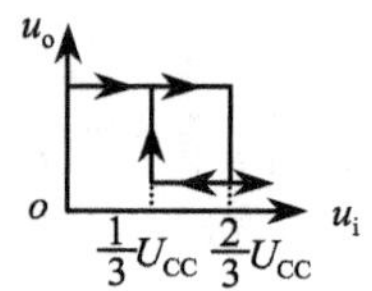

图 5-39　施密特触发器电压传输特性

4．实验内容及步骤

（1）单稳态触发器

1）按图 5-33 连线，取 R＝100 kΩ，C＝47 μF，输入信号 u_i 由单次脉冲源提供，用双踪示波器观测 u_i、u_c、u_o 波形，测定幅度与暂稳时间。

2）将 R 改为 1 kΩ，C 改为 0.1 μF，输入端加 1 kHz 的连续脉冲，观测波形 u_i、u_c、u_o，测定幅度及暂稳时间。

（2）多谐振荡器

1）按图 5-34 接线，用双踪示波器观测 u_c 与 u_o 的波形，测定频率。

2）按图 5-35 接线，组成占空比为 50%的方波信号发生器。观测 u_c、u_o 波形，测定波形参数。

3）按图 5-36 接线，通过调节 R_{p1} 和 R_{p2} 来观测输出波形。

（3）施密特触发器

按图 5-37 接线，输入信号由音频信号源提供，预先调好 u_s 的频率为 1 kHz，接通电源，逐渐加大 u_s 的幅度，观测输出波形，测绘电压传输特性，算出回差电压ΔU。

5．实验报告及思考题

1）如何用示波器测定施密特触发器的电压传输特性曲线？

2）拟订实验中所需的数据、表格等。

3）拟订各次实验的步骤和方法。

4）绘出详细的实验线路图，绘出观测到的波形。

5）分析、总结实验结果。

第 6 章　电气控制及 PLC 实验

6.1　DDSZ—1 型电机及电气技术实验装置简介

1．实验装置介绍

1）实验装置采用挂件结构，可根据不同实验内容进行自由组合，具有结构紧凑、使用方便、功能齐全、综合性能好等特点，能在一套装置上完成本课程所开设的主要实验项目。

系统配置的组件如下。

① DZ01 电源控制屏。

② DZ02 实验桌。

③ DZ03 电机导轨、测速发电机及转速表。

④ DZ04 直流电压、电流表。

⑤ DD05 测功支架、测功盘及弹簧秤。

⑥ DJ11 三相组式变压器。

⑦ DJ13 直流复励发电机。

⑧ DJ14 直流串励电动机。

⑨ DJ15 直流并励电动机。

⑩ DJ16 三相鼠笼式异步电动机。

⑪ DJ17 三相绕线式异步电动机。

⑫ DJ17—1 绕线式异步电机启动与调速电阻箱。

⑬ DJ20 单相电容运转异步电动机。

⑭ DJ21 单相电阻启动异步电动机。

⑮ DJ23 校正过的直流测功机。

⑯ DJ24 三相鼠笼式异步电动机。

⑰ D31 直流数字电压、毫安、安培表（3 块）。

⑱ D32 交流电流表（3 块）。

⑲ D33 交流电压表（3 块）。

⑳ D34—3 单、三相智能功率及功率因数表。

㉑ D41 三相可调电阻（1.3 A，90 Ω，2 只）。

㉒ D42 三相可调电阻（0.41 A，900 Ω，2 只）。

㉓ D43 三相可调电抗。

㉔ D45—1 测功专用电阻、电容。

㉕ D51 波形测试及开关板。

㉖ D55—2 智能转矩、转速、输出功率测试装置。

㉗ D54 步进电机控制箱及步进电机实验部件。

㉘ D57 交流伺服电机控制箱及实验部件。

㉙ ZSZ—1 自整角机试验装置。

㉚ D61 继电接触控制（一）。

㉛ D62 继电接触控制（二）。

㉜ DK04 滑线变阻器（0.65 A，0～2 kΩ）。

2）实验机组容量小，耗电小，配置齐全；装置使用的电机经过特殊设计，其参数特性能模拟 3 kW 左右的通用实验机组。

3）装置布局合理，面板图明确、清晰、直观；实验连接线采用强、弱电分开的手枪式插头，两者不能互插，避免强电接入弱电设备，造成设备损坏；电路连接方式安全、可靠、迅速、简便；除电源控制屏和挂件外，实验桌上可放置机组、示波器等实验仪器，操作方便。电机采用导轨式安装，更换机组简捷、方便；实验台底部安装有轮子和不锈钢固定调节机构，便于移动和固定。实验装置外形结构如图 6-1 所示。

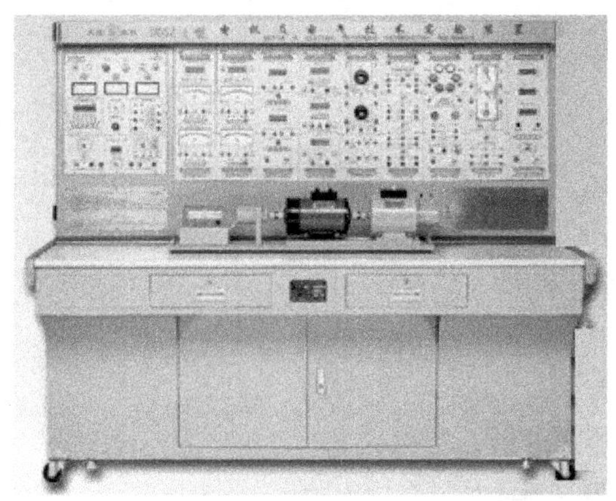

图 6-1　DDSZ—1 电机及电气技术实验装置外形结构

2．实验安全操作规程

为了按时完成电机实验，确保实验时人身安全与设备安全，请严格遵守安全操作规程。

1）实验时，人体不可接触带电线路，接线或拆线都必须在切断电源的情况下进行。

2）完成接线或改接线路后必须经过指导老师检查无误、其他同学引起注意后方可接通电源。实验中若发生事故，应立即切断电源，查清问题、故障妥善处理后才能继续进行实验。

3）电机若是直接启动，应先检查功率表及电流表量程是否符合要求，是否有短路回路存在，以免损坏仪表或电源。

4）总电源或实验台控制屏上的电源接通应由实验指导人员来控制，其他人只能由指导人员允许后方可操作，不得自行合闸。

3．交流及直流电源操作说明

实验中开启及关闭电源都在控制屏上操作。

（1）开启三相交流电机电源

1）开启电源前，要检查控制屏下面直流电机电源的“电枢电源”开关（右下角）及“励磁电源”开关（左下角）都须在关断的位置。控制屏左侧端面上安装的调压器旋钮必须在零位，即必须将其逆时针方向旋转到底。

2）检查无误后开启“电源总开关”。“关”按钮指示灯亮，表示实验装置的进线接到电源，但还不能输出电压。此时在电源输出端进行实验电路接线操作是安全的。

3）按下“开”按钮，“开”按钮指示灯亮，表示三相交流调压电源输出插孔 U、V、W 和 N 已接电。实验电路所需的不同大小的交流电压都可适当旋转调压器旋钮用导线从三相四线制插孔中取得。输出线电压为 0～450 V（可调），并可由控制屏上方的 3 只交流电压表指示。当电压表左下方的“指示切换”开关拨向“三相电网电压”时，指的是三相电网进线的线电压；当“指示切换”开关拨向“三相调压电压”时，指的是三相四线制插孔 U、V、W 和 N 输出端的线电压。

4）实验中如果需要改接线路，必须按下“关”按钮以切断交流电源，保证实验操作安全。实验完毕，还需关断电源总开关，并将调压器旋钮调回零位。将直流电机电源的“电枢电源”开关及“励磁电源”开关拨回到关断位置。

（2）开启直流电机电源

1）直流电源是由交流电源变换而来，开启直流电机电源，必须先完成开启交流电源，即开启电源总开关并按下“开”按钮。

2）接通“励磁电源”开关，可获得约为 220 V、0.5 A 不可调的直流电压输出。接通“电枢电源”开关，可获得 40～230 V、3 A 可调节的直流电压输出。励磁电源电压及电枢电源电压都可由控制屏下方的 1 只直流电压表指示。当将该电压表下方的“指示切换”开关拨向“电枢电压”时，指示电枢电源电压，当将它拨向“励磁电压”时，指示励磁电源电压。电路上，“励磁电源”与“电枢电源”、“直流电机电源”与“交流三相调压电源”都是经过三相多绕组变压器隔离的，可独立使用。

3）电枢电源采用脉宽调制型开关式稳压电源，输入端接有滤波用的大电容。为了不使过大的充电电流损坏电源电路，还采用了限流延时的保护电路。所以在开机时，从电枢电源开关合闸到直流电压输出有 3～4 s 的延时是正常的。

4）电枢电源设有过压和过流指示报警保护电路。当输出电压出现过压时，会自动切断输出，并报警指示。此时需要恢复电压，必须先将“电压调节”旋钮逆时针旋转调低电压到正常值（约 240 V 以下），再按“过压复位”按钮，即可输出电压。当负载电流过大（即负载电阻过小），超过 3 A 时，也会自动切断输出，并报警指示，此时需要恢复输出，只要调小负载电流（即调大负载电阻）即可。有时候在开机时出现过流报警，说明在开机时负载电流太大，需要降低负载电流，可在电枢电源输出端增大负载电阻甚至暂时拔掉一根导线（空载）开机，待直流输出电压正常后，再插回导线到正常负载（不可短路）工作。若在空载时开机仍发生过流报警，则是由于气温或湿度明显变化，造成光电耦合器 TIL117 漏电使过流保护起控点改变所致，一般经过空载开机（即开启交流电源后，再开启“电枢电源”开关）预热几十分钟，即可停止报警，恢复正常。所有这些操作到直流电压输出都有 3～4 s 的延时。

5）在作直流电动机实验时，要注意开机时须先开“励磁电源”，后开“电枢电源”；在关机时，则要先关“电枢电源”，后关“励磁电源”。同时要注意在电枢电路中串联启动电阻，以防止电源过流保护。具体操作要严格遵照实验指导书中有关内容的说明。

6.2 THSMS—1 型可编程控制实验箱简介

1．实验装置介绍

THSMS—1 型可编程控制实验箱是专为目前我国各院校开设的可编程控制器技术课程配套设计的，它集监控软件、可编程控制器、编程软件、PC/PPI 编程电缆、实验板于一体，具有数字控制实验的功能，可进行可编程控制器（PLC）的基本指令练习及 PLC 实际应用的实验。

实验箱由两块实验板组成，其中一块采用 2 mm 厚的单面敷铜板，另一块采用 2 mm 厚的双面敷铜板，正面印有元器件图形符号及连线，反面是相应连接线和焊接好的相应元器件。实验连接点、测试点采用高可靠性自锁紧防转座，接触性能良好，实验可靠。

2．操作、使用说明

（1）实验箱的启动、交流电源的控制

1）将实验箱后侧的三芯电源插头插入电源插座。

2）开启可编程控制器主要面板图中的电源开关，电源指示灯亮。

3）实验箱内装有过压保护装置，对 PLC 进行过压保护，当电源电压超过了 PLC 所能承受的范围，会自动报警并切断电源，使 PLC 不会因承受过高的电源电压而导致损坏。

（2）实验连接及使用说明

1）为了防止 PLC 的输入输出接线柱和螺钉因实验时的频繁装拆而导致损坏，本实验箱设计时已将这些接点用固定连接线连到实验面板的固定插孔处，实验板上容易接错导致系统损坏的部分线路以及一些对学生无技能要求的部分线路已经连好，其他线路则可用定制的锁紧叠插线进行连接。

2）实验板上所配备的 PLC 是德国西门子公司的 S7—200 系列的 CPU224 型可编程控制器，配套有西门子的编程软件 STEP7。

3）编程时，先用编程电缆 PC/PPI 将 PLC 与计算机连起来，再将 PLC 上的“RUN”“STOP”开关置于“STOP”状态，即可将程序写入 PLC。

4）实验时，断开可编程控制器 PLC 面板中的电源开关，按实验要求接好外部连线。检查无误后，接通电源开关，将 PLC 上的“RUN”“STOP”开关置于“RUN”状态，即可按要求进行实验。

6.3 STEP7-Micro/WIN 软件的使用及编程规则

1．STEP7-Micro/WIN 软件的使用方法

STEP7-Micro/WIN 编程软件为用户开发、编辑和控制自己的应用程序提供了良好的编程环境。为了能快捷、高效地开发应用程序，STEP7-MicroWIN 软件提供了 3 种程序编辑器。STEP7-Micro/WIN 软件还提供了在线帮助系统，以便获取所需要的信息。

本实验装置使用的编程软件是 STEP7-Micro/WIN V4.0 版本。实验前，首先将该软件根据软件安装的提示安装到计算机上，然后用编程线将计算机和实验装置连接到一起。

（1）系统需求

STEP7-MicroWIN 既可以在个人计算机（PC）机上运行，也可以在 Siemens 公司的编程器上运行。PC 机或编程器的操作系统配置要在 Windows 98、Windows 2000、Windows Me 或者 Windows NT4.0 以上。

（2）软件的使用

1）打开 STEP7-Micro/WIN V4.0，在中选择 PC/PPI 协议，如图 6-2 所示。

2）单击Properties...，在弹出的对话框中更改通信端口和通信速率，如图 6-3 所示。

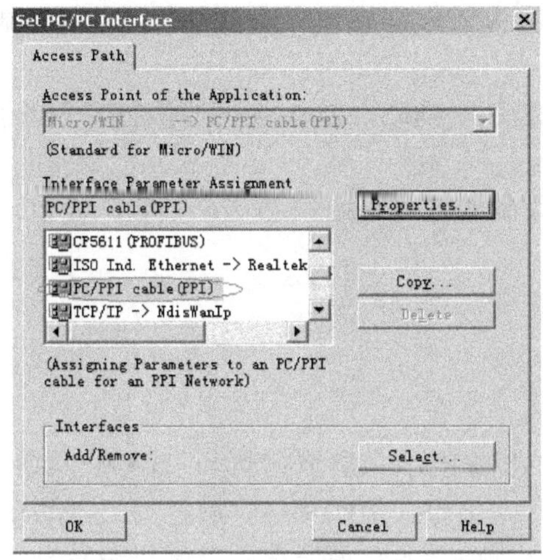

图 6-2 “Set PG/PC Interface”对话框

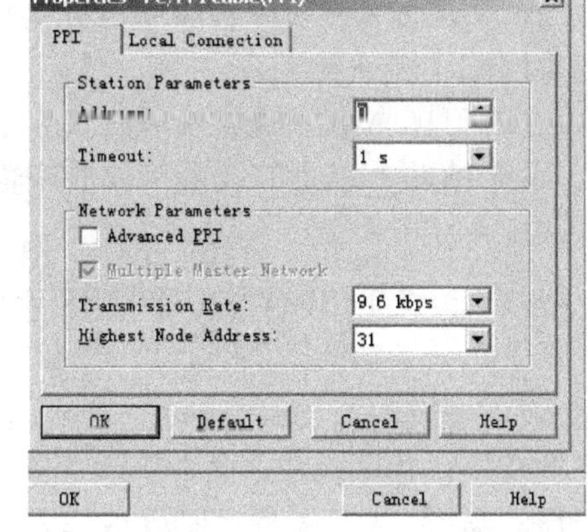

图 6-3 “Properties-PC/PPI cable（PPI）”对话框

3）在通讯菜单里双击刷新，STEP7-Micro/WIN V4.0 开始搜索 PPI 网络中的 S7—200CPU，如图 6-4 所示。

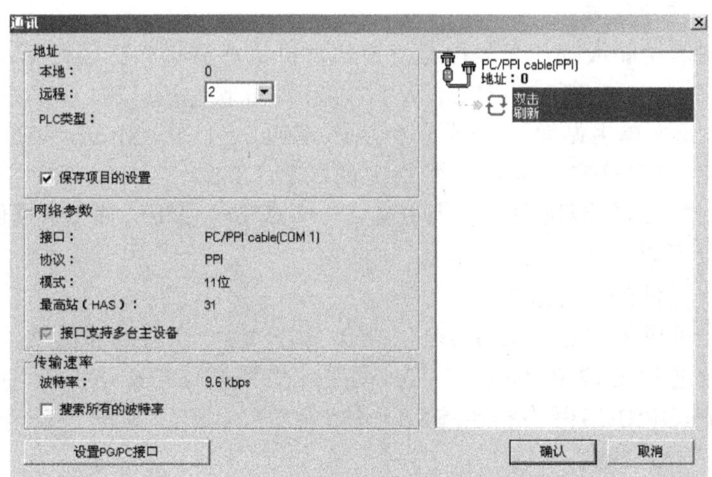

图 6-4 “通讯”对话框

搜索完成后会出现网络中所有 PLC 的列表，选择要操作的 PLC 即可对所选 PLC 进行操作。

4）编辑梯形图程序。

5）单击将程序下载到 PLC 中，单击可以对程序运行状态进行监控，单击可以将 PLC 置于运行的状态。

2．编程规则

1）外部输入/输出继电器、内部继电器、定时器、计数器等元器件的触点可多次重复使用，无须用复杂的程序结构来减少触点的使用次数。

2）梯形图每一行都是从左母线开始，线圈接在右边。触点不能放在线圈的右边。而在继电器控制的原理图中，热继电器的触点却可以加在线圈的右边，而 PLC 的梯形图是不允许的。

3）线圈不能直接与左母线相连。如果需要，可以通过一个未用的内部继电器的常闭触点或者特殊内部继电器的常开触点来连接。

4）同一编号的线圈在一个程序中使用两次称为双线圈输出。双线圈输出容易引起误操作，应尽量避免线圈重复使用。

5）梯形图程序必须符合顺序执行的原则，即从左到右，从上到下地执行，不符合顺序执行的电路则不能直接编程。

6）在梯形图中串联触点使用的次数是没有限制的，可无限次使用。

7）两个或两个以上的线圈可以并联输出。

6.4 S7—200 的自动化通信网络

可编程控制器与计算机可以直接或通过通信处理单元、通信转接器相连构成网络，以实现信息的交换，并可构成“集中管理、分散控制”的分布式控制系统，满足工厂自动化（FA）系统发展的需要。各可编程控制器或远程 I/O 模块按功能各自放置在生产现场进行分散控制，然后用网络连接起来，构成集中管理的分布式网络系统。

1．S7—200 的通信方式与通信参数的设置

（1）S7—200 的通信方式

S7—200 的通信功能很强，有多种通信方式可供用户选择。在运行 Windows 或 Windows NT 操作系统的 PC 上安装 STEP7-Micro/WIN V4.0 编程软件后，PC 可作为通信中的主站。

1）单主站方式。单主站与一个或多个从站相连，STEP7-Micro/WIN V4.0 每次与一个 S7—200 CPU 通信，但是它可以访问网络上的所有 CPU。

2）多主站方式。通信网络中有多个主站，一个或多个从站。带 CP 通信卡的计算机是主站，S7—200 CPU 可以是从站或主站。

（2）S7—200 通信的硬件选择

表 6-1 给出了可供用户选择的 STEP7-Micro/WIN V4.0 支持的通信硬件和波特率。此外，S7—200 还可以通过 EM277 PROFIBUS-DP 模块连接到 PROFIBUS-DP 现场总线网络，各通信卡提供一个与 PROFIBUS 网络相连的 RS—485 通信口。表 6-2 给出了 S7—200 与 PROFIBUS 的通信模块 EM277 的性能。

表 6-1　STEP7-Micro/WIN 32 支持的硬件配置

支持的硬件	类　　型	支持的波特率（kbps）	支持的协议
PC/PPI 电缆	到 PC 通信口的电缆连接器	9.6，19.2	PPI 协议
CP 5611	PCI 卡（版本 3 或更高）	9.6，19.2，187.5	

表 6-2　S7—200 与 PROFIBUS 的通信模块 EM277 的性能

型　号	连　接　口	支持的波特率	逻辑连接数	支持的协议
S7—200 CPU	端口 0	9.6 kbps	每个模块 4 个	PPI、MPI 和 PROFIBUS 协议
	端口 1	9.6 kbps，19.2 kbps，187.5 kbps		
EM277 PROFIBUS-DP 模块	每个 CPU 最多 2 块	9.6 kbps，12 Mbps	每个模块 6 个	MPI 和 PROFIBUS 协议

（3）网络部件

1）通信口。S7—200 CPU 上的通信口是与 RS—485 兼容的 9 针 D 型连接器，符合欧洲标准 EN 50170。表 6-3 给出了通信口的引脚分配。

表 6-3　S7—200 CPU 通信口引脚分配

针	PROFIBUS 电缆名称	端口 0/端口 1
1	屏蔽	逻辑地
2	24 V 返回	逻辑地
3	RS—485 信号 B	RS—485 信号 B
4	发送申请	RTS（TTL）
5	5 V 返回	逻辑地
6	+5 V	+5 V，100 Ω串联电阻
7	+24 V	+24 V
8	RS—485 信号 A	RS—485 信号 A
9	不用	10 位协议选择
连接器外壳	屏蔽	屏蔽

2）网络连接器。利用西门子提供的两种网络连接器可以把多个设备很容易地连接到网络中。两种连接器都有两组螺钉端子，可以连接网络的输入和输出。一种连接器仅提供连接到 CPU 的接口，而另一种连接器增加了一个编程接口。两种网络连接器还有网络偏置和终端偏置的选择开关，处于 OFF 位置时未连接终端电阻。接在网络终端部的连接器上的开关应放在 ON 位置。

3）PC/PPI 电缆通信。使用 PC/PPI 电缆可实现 S7—200 CPU 与 RS—232 标准兼容的设备的通信。

当数据从 RS—232 传送到 RS—485 口时，PC/PPI 电缆是发送模式；当数据从 RS—485 传送到 RS—232 口时，PC/PPI 电缆是接收模式。检测到 RS—232 的发送线有字符时，电缆立即从接收模式切换到发送模式；RS—232 发送线处于闲置的时间超过电缆切换时间时，电缆又切换到接收模式。

2．在编程软件中安装与删除通信接口

在 STEP7-Micro/WIN V4.0 中选择菜单命令“检视→通信”或单击浏览栏中的通信图标可进入设置通信的对话框。在对话框中双击 PC/PPI 电缆的图标，出现“（设置 PG/PC 接口）Set PG/PC Interface”对话框。按“Select（选择）”按钮，出现“安装/删除”窗口，可用它来安装或删除通信硬件。窗口的左侧是可供选择的通信硬件，右侧是已经安装好的通信硬件。

（1）通信硬件的安装

从左边的选择列表框中选择要安装的硬件型号，窗口下部显示出对选择的硬件的描述。单击“Install（安装）”按钮，选择的硬件将出现在右边的“Installed（已安装）”列表框。安装完成按“Close（关闭）”按钮，回到“设置 PG/PC 接口”对话框。

（2）通信硬件的删除

在“安装/删除”窗口中右边的已安装列表框中选择硬件，单击“Uninstall（删除）”按钮，选择的硬件即可被删除。

硬件安装完成后，在已安装列表栏中选择它，单击“Resource（资源）”按钮，出现资源对话框。该对话框允许修改实际安装的硬件的系统设置值。如果该按钮呈灰色，说明不必修改参数。此时可能需要参考硬件手册，根据硬件设置决定对话框中列举的各个参数的设置值。为了正确建立通信，可能需要试几个不同的中断。

3．计算机使用的通信接口参数的设置

打开“（Set PG/PC Interface）设置 PG/PC 接口”对话框，“Micro/WIN”应出现在“Access Point of the Application（应用的访问接点）”列表框中。

PC/PPI 电缆只能选用 PPI（Point-to-Point）协议。选择好通信协议后，单击“（Set PG/PC Interface）设置 PG/PC 接口”对话框中的“Properties（属性）”按钮，然后在弹出的窗口中设置通信参数。

如果使用 PC/PPI 电缆，在“（Set PG/PC Interface）设置 PG/PC 接口”对话框中单击“属性”按钮，就会出现 PC/PPI 电缆的 PPI 参数设置。

进行通信时，STEP7—Micro/WIN V4.0 的默认设置为多主站 PPI 协议。此协议允许 STEP7—Micro/WIN V4.0 与其他主站（TD 200 或操作员面板）在网络中共为主站。选中 PG/PC 接口中 PC/PPI 电缆属性对话框中的“Multiple Master Netword（多主站网络）”即可启动此模块，未选择时为单主站协议。

4．S7—200 的网络通信协议

S7—200 支持多种通信协议，如点对点接口（PPI）、多点接口（MPI）、PROFIBUS、以太网通信和调制解调器通信。它们都是基于字符的异步通信协议，带有起始位、8 位数据、偶校验和 1 个停止位。通信帧由起始和结束字符、源和目的站地址、帧长度和数据完整性校验组成。只要波特率相同，几个协议可以在网络中同时运行，不会相互影响。

协议支持一个网络上的 127 个地址（0～126），网络上最多可有 32 个主站，网络上各设备的地址不能重复。运行 STEP7-Micro/WIN V4.0 的计算机的默认地址为 0，操作员面板的默认地址为 1，可编程控制器的默认地址为 2。

5．PPI 点对点网络通信

PPI 是主/从协议，网络上的 S7—200 CPU 均为从站设备，计算机为主站设备。

PLC 与 PLC 之间的通信，如果在用户程序中允许 PPI 主站模式，一些 S7—200 CPU 在 RUN 模式下可以作为主站，它们可以用网络读（NETR）和网络写（NETW）指令读写其他 CPU 中的数据。S7—200 CPU 作为 PPI 主站时，还可以作为从站响应来自其他主站的通信申请。PPI 没有限制可以有多少个主站与一个从站通信，但是在网络中最多只能有 32 个主站。具体实验步骤如下。

1）将装置所带的网络连接器插到 PLC 通信口上。

2）用装置所配的连接电缆通过装置边上的通信口将每台实验装置连接起来。

3）启动计算机。

4）打开 STEP7-Micro/WIN V4.0，在中选择 PC/PPI 协议，如图 6-5 所示。

5）单击Properties...，在弹出的对话框中更改通信端口和通信速率，如图 6-6 所示。

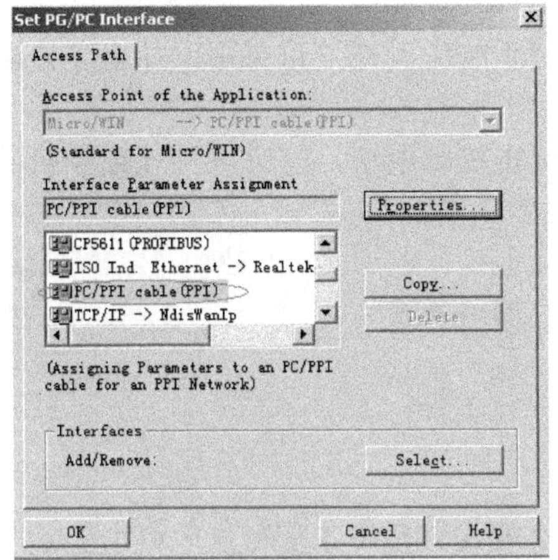

图 6-5　“Set PG/PC Interface”对话框

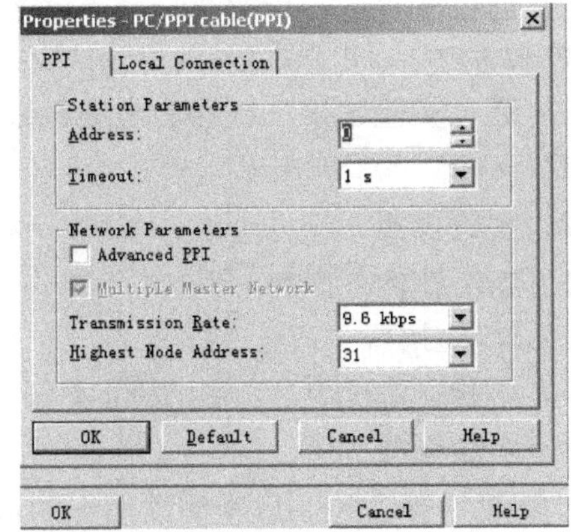

图 6-6　“Properties-PC/PPI cable（PPI）”对话框

6）在通讯菜单里双击刷新，STEP7-Micro/WIN V4.0 开始搜索 PPI 网络中的 S7—200 CPU，如图 6-7 所示。

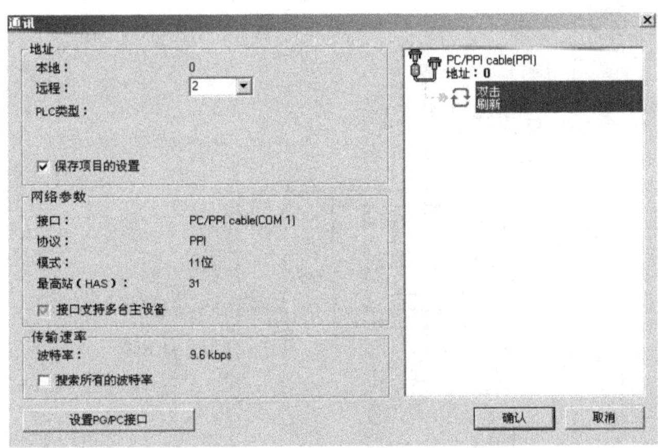

图 6-7　“通讯”对话框

搜索完成后会出现网络中所有 PLC 的列表，选择要操作的 PLC 即可对所选 PLC 进行操作。

注意：因为网络是点对点通信网络，网络中只允许存在一个一级主站（PC）。

实验时实验箱公共端接法如下。

在本装置中可编程控制器的输入公共端 1M、2M、V+接 PLC 模块电源的“L+”，此时输入端是低电平有效；输出公共端 1L、2L、COM 接`PLC 模块电源的“M”，此时输出端输出的是低电平。

实验 1　三相异步电动机的正反转控制线路

1．**实验目的**

1）通过对三相异步电动机正反转控制线路的实际安装接线，掌握由电气原理图转变成安装接线图的知识。

2）通过实验进一步加深理解点动控制和自锁控制的特点及三相异步电动机正反转控制的原理和方法。

3）通过实验连接三相异步电动机双重互锁正反转控制电路，理解电气互锁和机械互锁的概念。

2．**实验仪器**

1）D61 挂件，1 个。

2）D62 挂件，1 个。

3）DJ16（△/220 V）电动机，1 台。

3．**实验原理**

实验前，检查控制屏左侧端面上的调压器旋钮必须在零位，下面直流电机电源的“电枢电源”开关及“励磁电源”开关须在关断位置。开启电源总开关，按下启动按钮，旋转调压器旋钮将三相交流电源输出端 U、V、W 的线电压调到 220 V。再按下控制屏上的“关”按钮以切断三相交流电源。图 6-8 为三相异步电动机正反转控制线路(带电气互锁)。图中，SB1、SB2、SB3、KM1、KM2、FR1 选用 D61 件，Q1、FU1、FU2、FU3、FU4 选用 D62 挂件，电机选用 DJ16（△/220 V）。

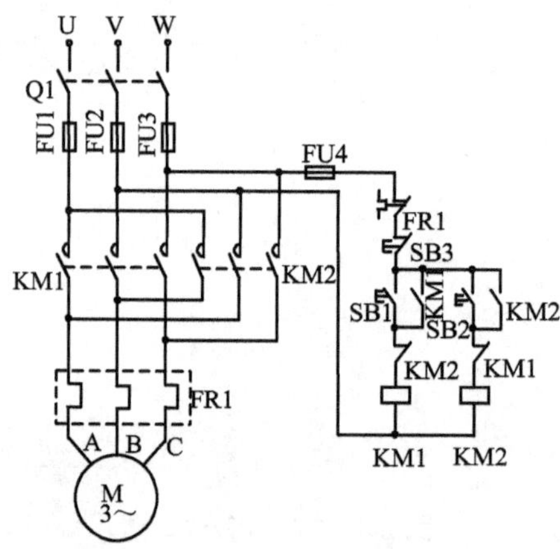

图 6-8　三相异步电动机正反转控制线路（带电气互锁）

4．**实验内容及步骤**

（1）三相异步电动机正反转控制线路（带电气互锁）

1）按下“关”按钮切断交流电源。按图 6-8 接线。检查无误后，按下“开”按钮通电操作。

2）合上电源开关 Q1，接通 220 V 三相交流电源。

3）按下 SB1，观察并记录电动机 M 的运转状态、接触器自锁和互锁触点的吸断情况。

4）按下 SB3，观察并记录电动机 M 的运转状态、接触器各触点的吸断情况。

5）按下 SB2，观察并记录电动机 M 的运转状态、接触器自锁和互锁触点的吸断情况。

（2）双重互锁三相异步电动机正反转控制线路

1）按下“关”按钮切断交流电源。

2）按自行设计的电路图接线。

将双重互锁电路画在实验报告指定位置，以备实验用。电路中使用的按钮、接触器、热继电器等选用 D61 挂件，电源开关、熔断器选用 D62 挂件，电机选用 DJ16（△/220 V）。

5．实验报告及思考题

1）试分析什么叫点动，什么叫自锁，并比较图 6-8 和双重互锁正反转控制电路的结构和功能上的区别。

2）图 6-8 能否对电动机实现长期过载和短路保护？

3）接触器和按钮的互锁触点在继电接触控制中起到什么作用？

实验 2　三相鼠笼式异步电动机的降压启动控制线路

1．实验目的

1）通过对三相异步电动机降压启动的接线，掌握降压启动控制线路的工作原理及结构。

2）了解不同降压启动控制方式的电路结构及工作原理。

3）掌握在各种不同场合下的启动方式。

2．实验仪器

1）D61 挂件，1 个。

2）MET01 交流电流表，1 块。

3）DJ24（△/220 V）电动机，1 台。

3．实验原理

图 6-9 为时间继电器控制串电阻降压启动控制线路，图 6-10 为时间继电器控制 Y—△降压启动控制线路。图中，FR1、SB1、SB2、KM1、KM2、KM3、KT1 选用 D61 挂件，FU1、FU2、FU3、FU4、Q1 由电源配电箱中的熔断器和开关代替，R 选用 180 Ω电阻，安培表选用 MET01 数模双显智能交流安培表 2 A 挡，电机用 DJ24（△/220 V）。

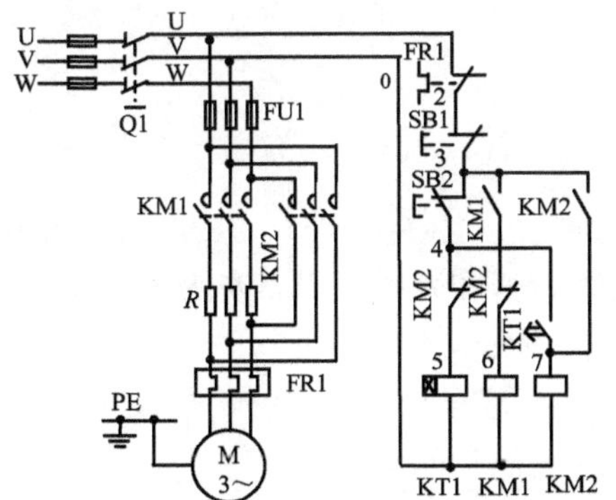

图 6-9　时间继电器控制串电阻降压启动控制线路

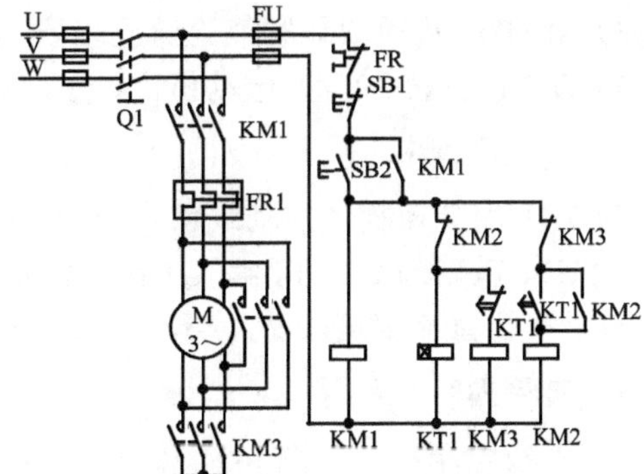

图 6-10　时间继电器控制 Y—△降压启动控制线路

4．实验内容及步骤

（1）时间继电器控制串电阻降压启动控制线路

1）关断电源后，按图 6-9 接线。

2）启动控制屏，合上电源开关，接通 220 V 交流电源。

3）按下 SB2，观察并记录电动机串电阻启动时各接触器吸合情况、电动机运行状态及安培表读数。

4）过一段时间，时间继电器 KT1 吸合后，观察电动机全压运行时各接触器吸合情况、电动机运行状态及安培表读数，并将数据填入实验报告的相应表格中。

（2）时间继电器控制 Y—△降压起动控制线路

1）关断电源后，按图 6-10 接线。

2）启动控制屏，合上电源开关，接通 220 V 交流电源。

3）按下 SB2，电动机作 Y 形连接启动，观察并记录电机运行情况和安培表的读数。

4）经过一定时间，电机按△连接正常运行后，观察并记录电机运行情况和安培表的读数。

5）按下 SB1，电动机 M 停止运转。

5．实验报告及思考题

1）时间继电器在图 6-10 中的作用是什么？

2）降压启动最终目的是控制什么物理量？

3）降压启动的自动控制与手动控制线路比较有哪些优点？

实验 3　三相异步电动机能耗制动控制线路

1．实验目的

1）通过对能耗制动的实际接线，掌握能耗制动的特点和适用范围。

2）掌握能耗制动的电路结构及工作原理。

2．实验仪器

1）D61 挂件，1 个。

2）MET01 数模双显智能直流安培表，1 块。

3）DJ24（△/220 V）电动机，1 台。

3．实验原理

图 6-11 为能耗制动控制线路。图中，FR1、SB1、SB2、KM1、KM2、KT1、T 选用 D61 挂件，FU1、FU2、FU3、FU4、Q1 由电源配电箱中的熔断器和开关代替，安培表选用 MET01 数模双显智能直流安培表 2 A 挡，电机用 DJ24（△/220 V）。

4．实验内容及步骤

1）关断电源后，按图 6-11 接线。

2）启动控制屏，合上电源开关，接通 220 V 交流电源。

3）调节时间继电器，使延时时间仅为 5 s。

4）按下 SB1，使电动机 M 启动运转。

5）待电动机运转稳定后，按下 SB2，观察并记录电动机 M 从按下 SB2 起至电动机停止运转的能耗制动时间。

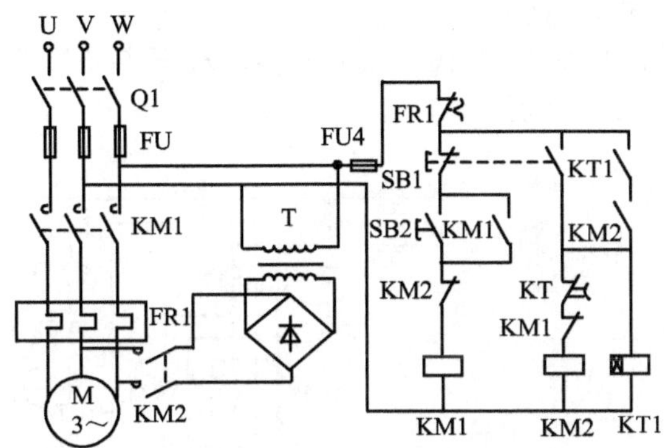

图 6-11　能耗制动控制线路

5．**实验报告及思考题**

1）能耗制动所需时间是多少？

2）分析能耗制动有什么特点，适用在哪些场合？

实验 4　工作台自动往返循环控制线路

1．**实验目的**

1）通过对工作台自动往返循环控制线路的实际安装接线，掌握电气原理图变换成安装接线图的方法，掌握行程控制中行程开关的作用。

2）掌握工作台自动往返循环控制线路的电路结构及工作原理。

2．**实验仪器**

1）DJ61 挂件，1 个。

2）DJ62 挂件，1 个。

3）MET01 数模双显智能直流安培表，1 块。

4）DJ24（△/220 V）电动机，1 台。

3．**实验原理**

图 6-12 为工作台自动往返示意图，图 6-13 为工作台自动往返控制线路。图中，FR1、SB1、SB2、KM1、KM2 选用 D61 挂件，FU1、FU2、FU3、FU4、SQ1、SQ2、SQ3、SQ4 选用 D62 挂件，安培表选用 MET01 数模双显智能直流安培表 2 A 挡，电机用 DJ24（△/220 V）。

4．**实验内容及步骤**

1）关断电源后，按图 6-13 接线。

2）启动控制屏，合上电源开关，接通 220 V 交流电源。

3）按 SB1 按钮，使电动机正转约 10 s。

4）用手按 SQ1（模拟工作台左进到终点，挡块压下行程开关 SQ1）。观察电动机应停止正转并变为反转。

5）反转约半分钟后，用手压 SQ2（模拟工作台右进到终点，挡块压下行程开关 SQ2），观察电动机应停止反转并变为正转。

6）正转 10 s 后按下 SQ3 和反转 10 s 按下 SQ4，观察电动机的运转状态。

7）重复以上步骤，线路应能正常工作。

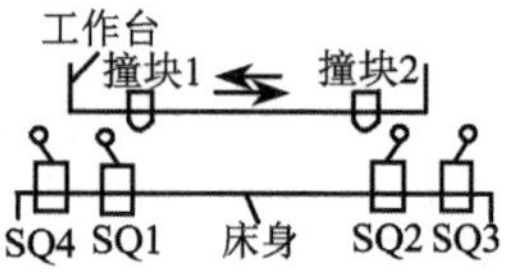

图 6-12　工作台自动往返示意图

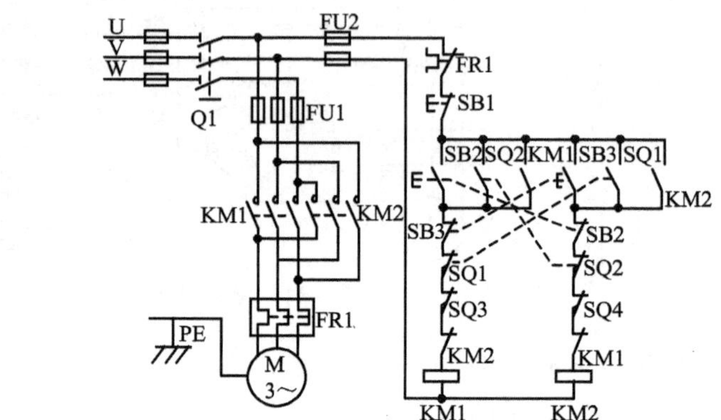

图 6-13　工作台自动往返控制线路

5．实验报告及思考题

行程开关主要用于什么场合，它是运用什么来达到行程控制，行程开关一般安装在什么地方？

实验 5　液体混合装置控制

1．实验目的

熟练使用置位和复位等基本指令，通过对工程实例的模拟，熟练掌握 PLC 的编程和程序调试。

2．实验仪器

1）THSMS—1 型可编程控制实验箱。

2）导线若干根。

3．实验原理

图 6-14 为两种液体的混合装置，SL1、SL2、SL3 为液面传感器，液体 A 阀门、液体 B 阀门和混合液体阀门由电磁阀 YV1、YV2 和 YV3 控制，M 为搅动电机，由继电器 YKM 控制。控制要求如下。按下启动按钮 SB1，装置投入运行时，液体 A 阀门和液体 B 阀门关闭，混合液体阀门打开 20 s 将容器放空后关闭，液体 A 阀门打开，液体 A 流入容器。当液面到达 SL2 时，SL2 接通，关闭液体 A 阀门，打开液体 B 阀门。液面到达 SL1 时，关闭液体 B 阀门，搅动电机开始搅动。搅动电机工作 6 s 后停止搅动，混合液体阀门打开，开始放出混合液体。当液面下降到 SL3 时，SL3 由接通变为断开，再过 5s 后，容器放空，

混合液阀门关闭，开始下一周期。当前的液体混合操作完毕后，按下停止按钮 SB1，停止操作。

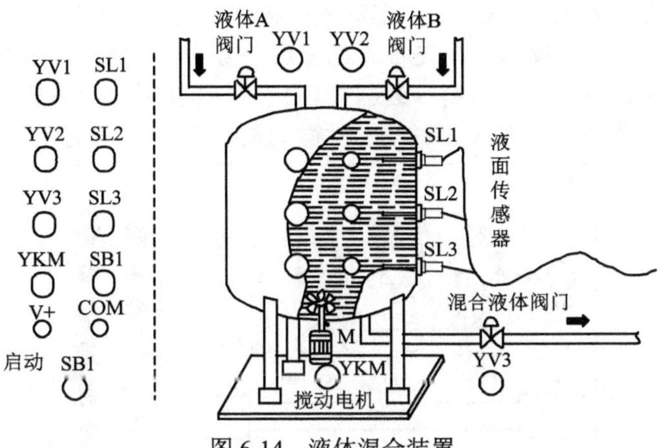

图 6-14　液体混合装置

4．实验内容及步骤

1）输入输出接线如表 6-4 所示。

表 6-4　输入输出接线

输　入	SB1	SL1	SL2	SL3
	I0.0	I0.1	I0.2	I0.3
输　出	YV1	YV2	YV3	YKM
	Q0.0	Q0.1	Q0.2	Q0.3

注：PLC 主机公共端接线方法见实验 1。

2）打开 PLC 电源开关将程序下载到 PLC 中。

3）启动并运行程序，观察实验现象。

5．实验报告及思考题

1）根据实验说明及 I/O 分配，自行设计程序。

2）对运行结果进行分析说明。

实验 6　运料小车控制

1．实验目的

用 PLC 构成运料小车控制系统，掌握多种方式控制的编程。

2．实验仪器

1）THSMS—1 型可编程控制试验箱。

2）导线若干根。

3．实验原理

图 6-15 为运料小车控制示意图。合上启动开关 SD 后，选择手动方式（按下微动按钮

A4），通过 ZL、XL、RX、LX 等 4 个开关的状态决定小车的运行方式。装料开关 ZL 为 ON，系统进入装料状态，灯 S1 亮，ZL 为 OFF，右行开关 RX 为 ON，灯 R1、R2、R3 依次点亮，模拟小车右行；卸料开关 XL 为 ON，小车进入卸料状态，XL 为 OFF，左行开关 LX 为 ON，灯 L1、L2、L3 依次点亮，模拟小车左行。选择自动方式（按下微动按钮 A3），系统进入装料→右行→卸料→装料→左行→卸料→装料循环状态。选择单周期方式（按下微动按钮 A2），小车运行来回一次。选择单步方式，每按一次微动按钮 A1，小车运行一步。

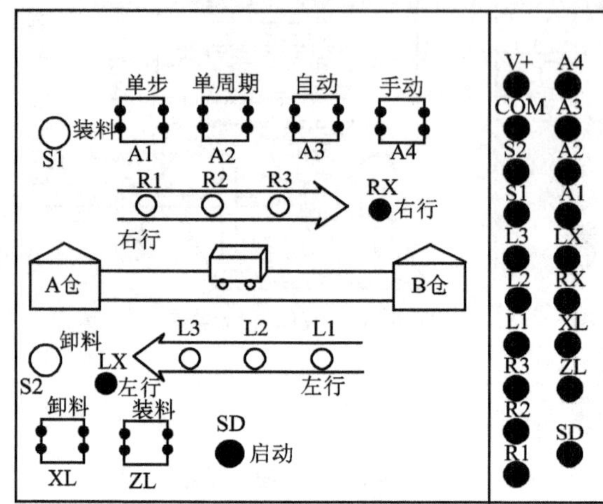

图 6-15　运料小车控制示意图

4．实验内容及步骤

1）输入输出接线如表 6-5 所示。

表 6-5　输入输出接线

输　入	SD	ZL	XL	RX	LX	A1	A2	A3	A4
	I0.0	I0.1	I0.2	I0.3	I0.4	I0.5	I0.6	I0.7	I1.0
输　出	S1	S2	R1	R2	R3	L1	L2	L3	
	Q0.0	Q0.1	Q0.2	Q0.3	Q0.4	Q0.5	Q0.6	Q0.7	

注：PLC 主机公共端接线方法见实验 1。

2）打开 PLC 电源将程序下载到 PLC 中。

3）启动并运行程序，观察实验现象。

5．实验报告及思考题

1）分析运料小车的工作过程。

2）根据实验说明及 I/O 分配自行设计程序。

3）对运行结果进行分析。

实验 7　水塔水位控制

1．实验目的

用 PLC 构成水塔水位自动控制系统。

2．实验仪器

1）THSMS—1 型可编程控制实验箱。

2）导线若干根。

3．实验原理

图 6-16 为水塔水位控制图。当水池水位低于水池低水位界（S4 为 ON 表示）时，阀 Y 打开进水（Y 为 ON），定时器开始定时，4 s 后，如果 S4 还不为 OFF，那么阀 Y 指示灯闪烁，表示阀 Y 没有进水，出现故障，S3 为 ON，阀 Y 关闭（Y 为 OFF）。当 S4 为 OFF，且水塔水位低于水塔低水位界时，S2 为 ON，电机 M 运转，向水塔抽水。当水塔水位高于水塔高水位界（S1 为 ON）时，电机 M 停止。

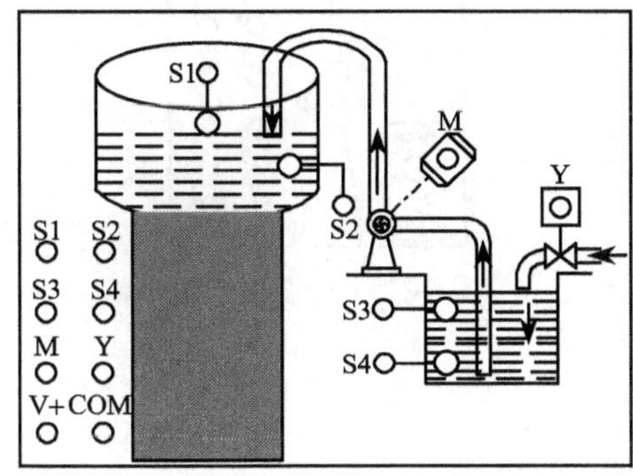

图 6-16　水塔水位控制

4．实验内容及步骤

1）输入输出接线如表 6-6 所示。

表 6-6　输入输出接线

输　入	S1	S2	S3	S4	输　出	M	Y
	I0.0	I0.1	I0.2	I0.3		Q0.0	Q0.1

注：PLC 主机公共端接线方法见实验 1。

2）打开 PLC 电源开关将程序下载到 PLC 中。

3）启动并运行程序观察实验现象。

5．实验报告及思考题

1）分析水塔水位控制的工作过程。

2）对运行结果进行分析说明。

实验 8　天塔之光控制

1．实验目的

了解并掌握移位寄存器位 SHRB 基本应用及编程方法。

2．实验仪器

1）THSMS—1 型可编程控制实验箱。

2）导线若干根。

3．实验原理

图 6-17 为天塔之光控制图。合上启动开关 SD 后，按以下规律显示：L1→L1、L2→L1、L3→L1、L4→L1、L2→L1、L2、L3、L4→L1、L8→L1、L7→L1、L6→L1、L5→L1、L8→L1、L5、L6、L7、L8→L1→L1、L2、L3、L4→L1、L2、L3、L4、L5、L6、L7、L8→L1……循环执行，断开启动开关 SD 程序停止运行。

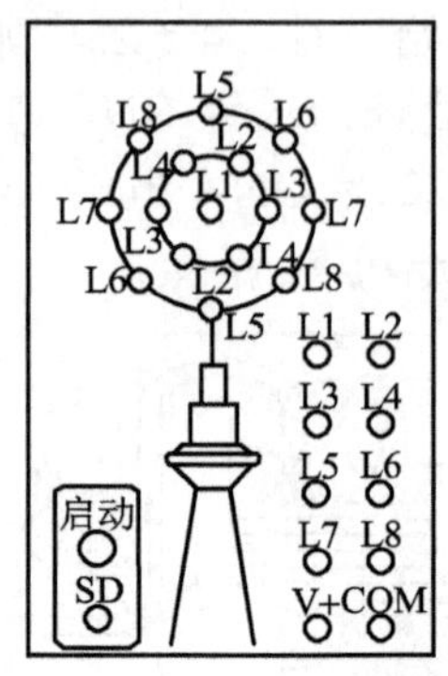

图 6-17　天塔之光控制

4．实验内容及步骤

1）输入输出接线如表 6-7 所示。

表 6-7　输入输出接线

输　　入	SD							
	I0.0							
输　　出	L1	L2	L3	L4	L5	L6	L7	L8
	Q0.0	Q0.1	Q0.2	Q0.3	Q0.4	Q0.5	Q0.6	Q0.7

注：PLC 主机公共端接线方法见实验 1。

2）打开 PLC 电源将程序下载到 PLC 中。

3）启动并运行程序，观察实验现象。

5．实验报告及思考题

1）分析天塔之光的工作过程。

2）对运行结果进行分析说明。

第三篇 综合实训

第7章 电工实训

项目1 常用照明电路的安装

1．实训目标

1）熟悉常用照明灯具，掌握电压表、电流表的使用方法。

2）掌握开关、插座的安装方法。

3）熟练掌握日光灯照明电路的安装与检修方法。

2．实训仪器

1）常用灯具、灯座、插座、开关若干套。

2）电压表、电流表、万用表、单相电度表，各1块。

3）电工工具，1套。

4）装配台板（网孔板）。

5）导线若干根。

3．实训内容

电灯的发明使世界不再黑暗。交通运输、工矿企业、文化艺术、广告装饰、家庭生活无不使用照明灯具，它为人们生活、学习、工作提供了各种各样的可见光源。随着电器制造业的发展，照明灯具的规格和品种越来越多，性能也越来越好。

室内照明线路由电源、导线、开关、插座和照明灯具组成。电源主要使用220 V单相交流电。开关用来控制电路的通断。导线是电流的载体，应根据电路允许载流量选取。

（1）照明光源及电气元件

1）白炽灯。白炽灯是热辐射光源，靠电流加热灯丝至白炽状态而发光。白炽灯有普通照明灯泡和低压照明灯泡两种。普通灯泡额定电压一般为220 V，功率为10～1 000 W，灯头有卡口和螺口之分。其中，100 W以上的一般采用瓷质螺纹灯口，用于常规照明。低压灯泡额定电压为6～36 V，功率一般不超过100 W，用于局部照明和携带照明。

白炽灯由玻璃泡壳、灯丝、支架、引线和灯头等组成。在非充气式灯泡中，玻璃泡内抽成真空；而在充气式灯泡中，玻璃泡内抽成真空后再充入惰性气体。

白炽灯照明电路由负荷、开关、导线及电源组成。安装方式一般为悬吊式、壁式和吸顶式。悬吊式可分为软线吊灯、链式吊灯和钢管吊灯。白炽灯在额定电压下使用时，其寿命一般为1 000 h，当电压升高5%时寿命将缩短50%；电压升高10%时，其发光率提高17%，而寿命缩短到原来的28%。反之，若电压降低20%，其发光率降低37%，但寿命增加一倍。因此，灯泡的供电电压以低于额定值为宜。

2）荧光灯。荧光灯（又称日光灯）靠汞蒸气放电时辐射的紫外线去激发灯管内壁的荧光物质，使之发出可见光。

荧光灯的由灯管、灯架、镇流器、起辉器（启动器）及电容组成，其接线图如图7-1所示。荧光灯工作原理是：接通电源后，电源电压经过镇流器、灯丝加在起辉器的两端，引起起辉器辉光放电而导通。此时线路接通，灯丝与镇流器、起辉器串联接在电路中，灯丝发热，发射出大量的电子，之后起辉器停止辉光放电，冷却断开。起辉器断开的一瞬间，镇流器线圈因自感现象产生感应电动势，与电源电压同时加在灯管的两端，使灯管内惰性气体被电离而引起弧光放电。随着灯管内温度升高，液态汞气化游离，引起汞蒸气弧光放电而发出肉眼看不见的紫外线，紫外线激发灯管内壁的荧光粉后，发出近似日光的灯光。

荧光灯具有结构简单、光色好、发光效率高、寿命长、耗电量低等优点，广泛应用于电气照明中。

3）高压汞灯。高压汞灯分为荧光高压汞灯和自镇流高压汞灯两种。荧光高压汞灯（带外接镇流器）是一种在玻璃泡内表面涂有荧光粉的高压汞蒸气放电灯；而自镇流高压汞灯是利用钨丝绕在石英管的外面作为镇流器，并与放电管串联后装入高压汞灯的玻璃泡内，工作时利用它可限制放电管电流，同时发出可见光。高压汞灯发光效率高、亮度大、耐震性较好，广泛用于工厂车间、街道广场、车站码头、建筑工场等场所的一般照明。高压汞灯接线如图7-2所示。

高压汞灯在使用时应注意以下几点：

① 灯泡必须与符合要求的镇流器配套使用；

② 从启动到稳定工作大约需要4～10 min；

③ 高压汞灯熄灭后，不能立即再次启动，必须待灯丝冷却，灯泡内汞蒸气压力降低（一般约5～10 min）后，才允许再次启动；

④ 使用时电压跌落超过5%可能导致高压汞灯熄灭，因此电源电压波动不宜过大。

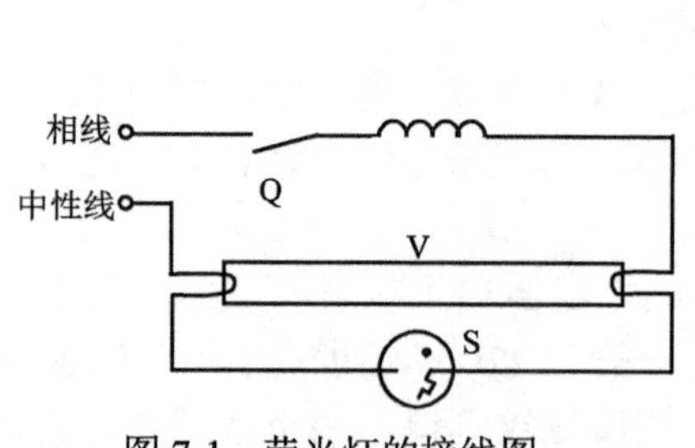

图7-1　荧光灯的接线图

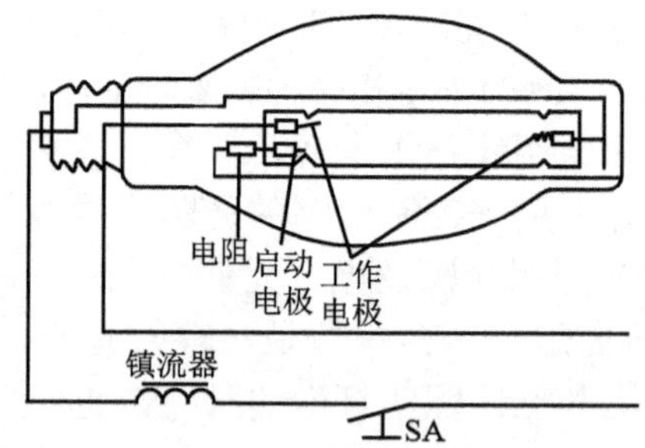

图7-2　高压汞灯的接线图

4）高压钠灯。高压钠灯是利用高压钠蒸气放电，发出金白色光。其辐射光的波长集中在人眼感受较灵敏的范围内。

5）金属卤化物灯。金属卤化物灯是在高压汞灯的基础上，为改善光色而发展起来的一种新型电光源，具有光色好、发光效率高等特点。若在高压汞灯放电管内添加某些金属卤化物，这些金属卤化物在管壁的工作温度下（约700～1 000℃）大量蒸发，使金属卤化物不断循环，在电弧放电时提供相应的金属蒸气，就会发出该金属特征光谱线，使这些光线接近于太阳光线，这样就改善了光色。选择不同的金属卤化物，可得到各种不同光色的金属卤化物灯。

6）氙灯。氙灯是一种弧光放电灯，启动时需要比工作时高得多的电压，因此，启动时需要采用触发器，电路中接有镇流器，以稳定放电管的工作。氙灯有长弧氙灯和短弧氙灯之分。

① 长弧氙灯：外壳为圆柱形的石英玻璃管，两端各封接有一个棒状钍钨电极，内部充有高纯度氙气，具有功率大、光色白、亮度高等特点，故有“小太阳”之称，常作为广场、车站、机场照明使用，目前最大功率可达 300 kW 以上。

② 短弧氙灯：外壳为球状或椭圆状石英管，两端各封接有一个钍钨电极，管内充氙气，具有弧隙短、亮度大而集中的特点，常用于彩色摄影照明和特种仪器光源，功率可达到几十千瓦。

7）碘钨灯。碘钨灯是一种热辐射光源，灯管内充入适量的碘，管壁温度可达 250 ℃以上，灯管由耐高温的石英玻璃制成，灯丝沿玻璃管轴向安装，电源引线由两端接出。通电后，在高温作用下，从钨丝蒸发出来的钨分子向管壁扩散，分解的碘分子与钨化合成碘化钨，当碘化钨移动到灯丝附近时，又分解成碘和钨，而钨被送回到灯丝，使碘又回到温度较低的管壁周围，再与蒸发出来的钨分子化合为碘化钨。这样不断循环，使灯丝得以提高工作温度，发出耀眼的光。碘钨灯的主要特点是：体积小（是同功率普通灯泡的 1/100）、寿命长（约为同功率普通灯泡的 1.5 倍）、光色好、光效高、使用方便。碘钨灯主要用于工厂、车间、会场和广告灯箱中。碘钨灯在点燃瞬间，启动电流为工作电流的 5 倍，启动时间约为 0.1 s。

8）三基色节能荧光灯。三基色节能荧光灯具有光色柔和、显色性好的特点。其管内壁涂有稀土三基色荧光粉，发光效率比普通荧光灯提高 30%左右，是白炽灯的 5～7 倍。其工作原理与普通荧光灯相似，可与电感型镇流器配套使用，也可与电子镇流器配套使用。常用外形有直管型、单 U 型和 H 型等。H 型节能荧光灯为预热式阴极气体放电灯，由两根顶部相通的玻璃管组成，管内壁有稀土三基色荧光粉、三螺旋状灯丝（阴极）和灯头。H 型灯与电感式镇流器配套使用时，将启辉器装在灯头塑料外壳内并与灯丝连接好，另两根灯丝引线由灯脚引出。

9）手提低压安全灯。低压照明灯的电源必须由专用照明变压器供电，这种变压器必须是双绕组，不能使用自耦变压器进行降压。安装时，变压器的高、低压侧都应安装熔断器，而低压侧的一端必须要接地（接零）。

（2）白炽灯照明电路的安装

室内用白炽灯的安装通常有吸顶式、壁式和悬吊式 3 种。

1）白炽灯安装的主要步骤与工艺要求。

① 木台的安装。先在准备安装挂线盒的地方打孔，预埋木枕或膨胀螺栓，然后在木台底面用电工刀刻两条槽，木台中间钻 3 个小孔，最后将两根电源线端头分别嵌入圆木的两条槽内，并从两边小孔穿出，通过中间小孔用木螺钉将圆木固定在木枕上。

② 挂线盒的安装。将木台上的电源线从线盒底座孔中穿出，用木螺钉将挂线盒固定在木台上，然后将电源线剥去 2 mm 左右的绝缘层，分别旋紧在挂线盒接线柱上，并从挂线盒的接线柱上引出软线，软线的另一端接到灯座上，由于挂线螺钉不能承担灯具的自重，因此在挂线盒内应将软线打个线结，使线结卡在盒盖和线孔处，打结的方法如图 7-3（a）所示。

③ 灯座的安装。旋下灯头盖子，将软线下端穿入灯头盖中心孔，在离线头 30 mm 处打一个结，然后把两个线头分别接在灯头的接线柱上并旋上灯头盖子，如图 7-3（b）所示。如

果是螺口灯头，相线应接在与中心铜片相连的接线柱上，否则易发生触电事故。

图 7-3　挂线盒的安装

(a) 挂线盒接法　(b) 灯座的打结方法

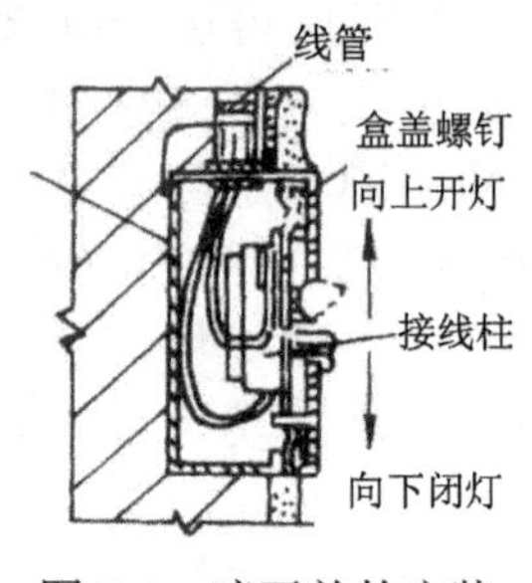

图 7-4　暗开关的安装

④ 开关的安装。开关不能安装在零线上，必须安装在灯具电源侧的相线上，确保开关断开时灯具不带电。开关的安装分明、暗两种方式。明开关安装时，应先敷设线路，然后在装开关处打好木枕，固定木台，并在木台上装好开关底座，然后接线。

暗开关安装时，先将开关盒按施工图要求位置预埋在墙内，开关盒外口应与墙的粉刷层在同一平面上。然后在预埋的暗管内穿线，再根据开关板的结构接线，最后将开关板用木螺钉固定在开关盒上，如图 7-4 所示。

安装扳动式开关时，无论是明装或暗装，都应装成扳柄向上扳时电路接通，扳柄向下扳时电路断开。安装拉线开关时，应使拉线自然下垂，方向与拉向保持一致，否则容易磨断拉线。

⑤ 插座的安装。插座的种类很多，按安装位置分，有明插座和暗插座；按电源相数分，有单相插座和三相插座；按插孔数分，有两孔插座和三孔插座。目前新型的多用组合插座或接线板更是品种繁多，将两眼与三眼、插座与开关、开关与安全保护等合理地组合在一起，既安全又美观，在家庭和宾馆中得到了广泛地应用。

普通的单相两孔插座、三孔插座的安装方法如图 7-5 所示。安装时，插线孔必须按一定顺序排列。单相两孔插座，在两孔垂直排列时，相线在上孔，中性线（零线）在下孔；水平排列时，相线在右孔，中性线在左孔。对于单相三孔插座，保护接地（保护接零）线在上孔，相线在右孔，中性线在左孔。电源电压不同的邻近插座，安装完毕后，都要有明显的标志，以便使用时识别。

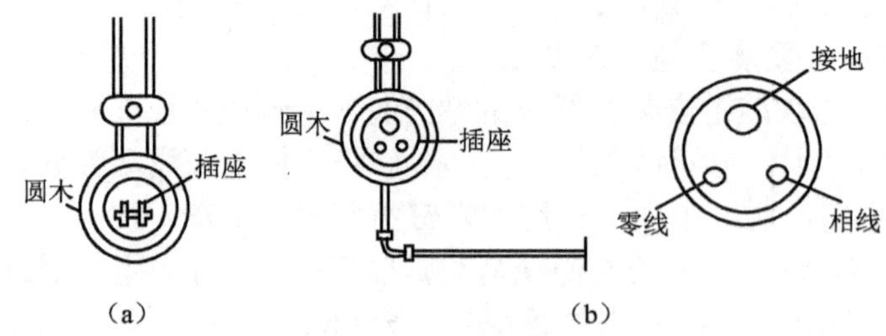

图 7-5　插座的安装

(a) 单相两孔插座　(b) 单相三孔插座

2）白炽灯安装的注意事项。

① 相线和零线应严格区分，将零线直接接到灯座上，相线经过开关再接到灯头上。对螺

口灯座，相线必须接在螺口灯座中心的接线端上，零线接在螺口的接线端上，千万不能接错，否则容易发生触电事故。

② 用双股棉织绝缘软线时，有花色的一根导线接相线，没有花色的导线接零线。

③ 导线与接线螺钉连接时，先将导线的绝缘层剥去合适的长度，再将导线拧紧以免松动，最后环成圆扣。圆扣的方向应与螺钉拧紧的方向一致，否则旋紧螺钉时圆扣就会松开。

④ 当灯具需接地（或零）时，应采用单独的接地导线（如黄绿双色）接到电网的零干线上，以确保安全。

（3）日光灯照明电路的安装

1）日光灯线路的安装。日光灯接线示意如图 7-6 所示。

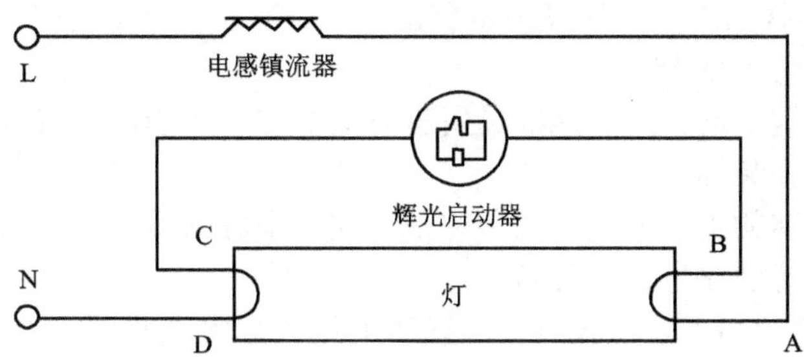

图 7-6　日光灯接线示意图

接线时，起辉器座上的两个接线柱分别与两个灯座中的一个接线柱连接。一个灯座中余下的一个接线柱与电源的中性线连接，另一个灯座中余下的接线柱与镇流器的一个线头相连，而镇流器的另一个线头与开关的一个接线柱连接，开关另一个接线柱与电源的相线连接。镇流器与灯管串联，用于控制灯管电流。起辉器本质是带有时间延迟性的断路器。电容并联于氖泡两端，由于镇流器是一个电感性负载，而荧光灯的功率因数很低，不利于节约用电。为提高荧光灯的功率因数，可在荧光灯的电源两端并联一只电容。

电路接好后，合上开关，会看到启辉器有辉光闪烁，灯管在 3 s 内正常发光。如果发现灯管不发光，说明电路或灯管有故障，应进行简单的故障分析，其步骤如下。

① 用测电笔或万用表检查电源电压是否正常。确认电源有电后，闭合开关，转动起辉器，检查起辉器与起辉器座是否接触良好。如果仍无反应，可将起辉器取下，查看起辉器座内弹簧片弹性是否良好，位置是否正确，如图 7-7 所示，若不正确可用旋具拨动，使其复位。

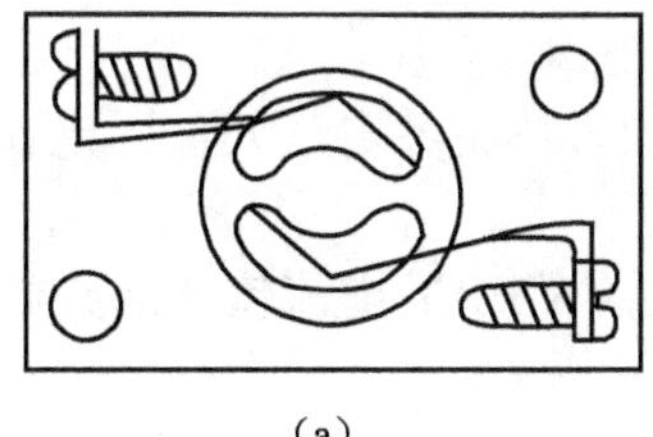

（a）

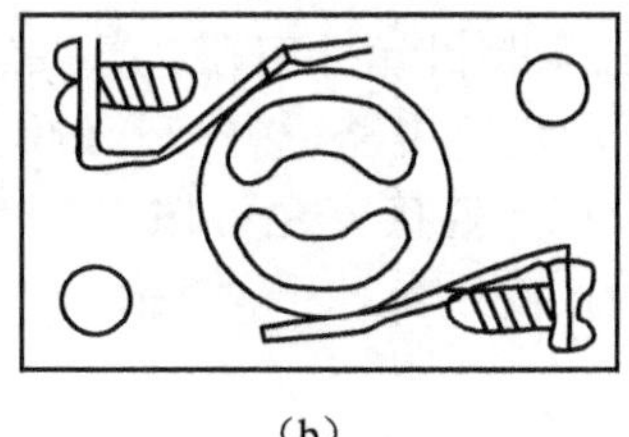

（b）

图 7-7　起辉器座故障

（a）弹簧片位置正确　（b）弹簧片位置不正确

② 用测电笔或万用表检查起辉器座上有无电压，若有电压，则起辉器损坏的可能性很大，可以换一只起辉器重试。

③ 若测量起辉器座上无电压，应检查灯脚与灯座是否接触良好，可用两手分别按住两个灯脚挤压，或用手握住灯管转动一下。若灯管开始闪光，说明灯脚与灯座接触不良，可将灯管取下来，将灯座内弹簧片拨紧，再把灯管装上。若灯管仍不发光，应打开吊盒，用测电笔或万用表检查吊盒上有无电压。若吊盒上无电压，说明线路上有断路，可用试电笔检查吊盒两接线端，如试电笔均发亮，说明吊盒之前的零线断路。

2）安装注意事项如下。

① 镇流器、起辉器和荧光灯的规格应相配套，不同功率不能互相混用，否则会缩短灯管寿命或造成启动困难。当选用附加线圈的镇流器时，接线应正确，不能弄错，以免损坏灯管。

② 使用荧光灯管必须按规定接线，否则将烧坏灯管或使灯管不亮。

③ 接线时应使相线通过开关经镇流器到灯管。

（4）临时照明电路的安装

家庭、办公、建筑工地、外景地等场所有时需要临时照明，电气技术人员应能根据需要快速、合理、安全地安装临时照明电路。

安装临时照明电路的工作原理、安装方法、安装步骤与常规的室内照明电路相同。但由于电路是临时的，应特别注意以下几点。

1）单相电源要就近引入，并在安全、防雨的地方加空气开关或刀开关。

2）导线要选择绝缘性能优良的正规产品。

3）室内导线高度离地面 2 m 以上，室外导线高度离地面 2.5 m 以上。

4）导线与导线、导线与接线柱之间的连接要采取防拉断措施。

5）线路中金属外壳应可靠接地。

6）大功率灯具要远离易燃和易爆物品。

4．实训操作

1）灯具的认识。要求准确说出其名称、特点、作用和使用场所。

2）在自制木台上安装白炽灯照明电路，其要求如下：

① 一盏白炽灯由一只单联开关控制，电路中还要有一个不受开关控制的多用插座；

② 安装前写出工艺要求、安装步骤，设计出安装线路图；

③ 配线规范合理，连接安全可靠；

④ 通电试验，并用电压表、电流表、频率表分别测量灯泡两端电压、流过灯泡的电流及电源的工作频率。

3）在网孔板上安装日光灯电路，其要求如下：

① 按图 7-6 所示连接电路，并按正确配线的方法将各电气元件固定在木台上；

② 配线规范合理，连接安全可靠；

③ 通电压试验，使日光灯正常工作，并测量线路中的电流值、镇流器两端的电压值和灯管两端的电压值。

项目 2　白炽灯两地控制线路的安装

1．实训目标

1）进一步训练室内照明电路的安装。

2）掌握白炽灯两地控制线路的设计与安装方法。

2．实训仪器

1）自制木台，1 块。

2）三联开关，1 只；双联开关，2 只；单联开关，1 只；刀开关，1 只。

3）白炽灯，3 只。

4）万用表，1 块。

5）电工工具，1 套。

6）导线若干根。

3．实训内容

照明线路由电源、导线、开关和照明灯组成。在日常生活中，可以根据不同的工作需要，用不同的开关来控制照明灯具。通常用一个开关来控制一盏或多盏照明灯。有时也可以用多个开关来控制一盏照明灯，如楼道灯的控制等，以实现照明电路控制的灵活性。

1）用一只单联开关控制一盏灯的方法如图 7-8 所示。开关必须接在相线端。转动开关至“开”，电路接通，灯亮；转动开关至“关”，电路断开，灯熄灭，灯具不带电。

2）用两只双联开关在两个地方控制一盏灯，常用于楼梯和走廊上，如图 7-9 所示。在电路中，两个双联开关通过并行的两根导线连接，不管开关处在什么位置，总有一条线接于两只开关之间。如果灯现在处于熄灭状态，转动任一双联开关即可使灯点亮；如果灯现在处于点亮状态，转动任一双联开关，可使灯熄灭，从而实现“一灯两控”。

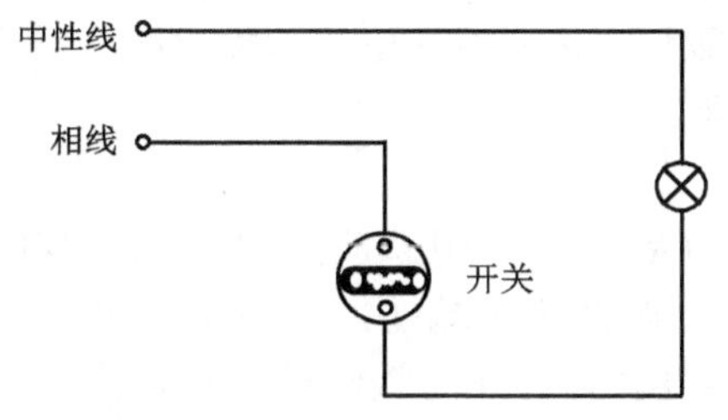

图 7-8　一只单联开关控制一盏灯

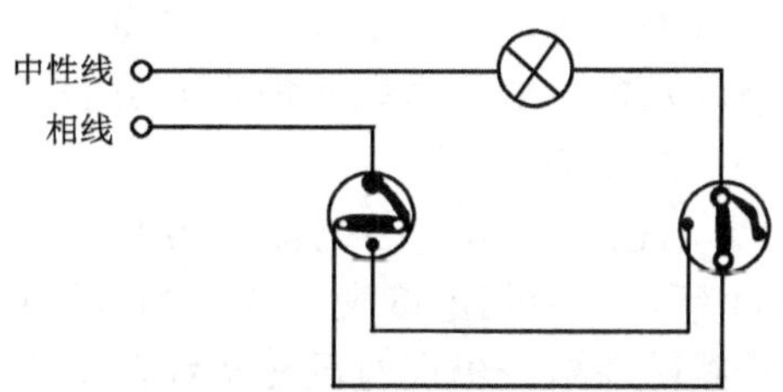

图 7-9　两只双联开关控制一盏灯

3）用两只双联开关和一只三联开关在 3 个地方控制一盏灯，也常用于楼梯和走廊上，如图 7-10 所示。

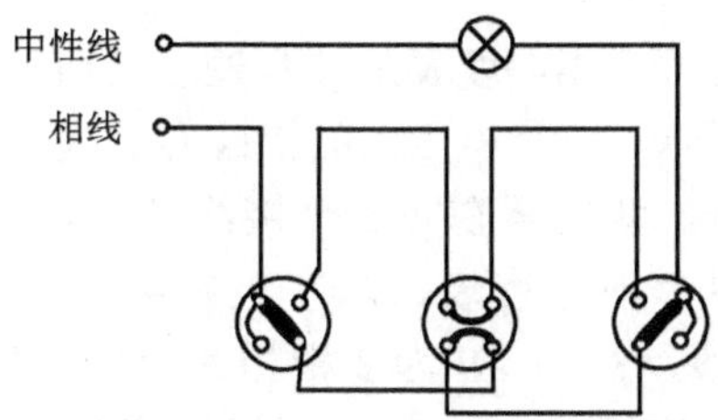

图 7-10　两只双联开关和一只三联开关控制一盏灯

4．实训操作

1）在工作台或木板上安装一只开关控制两盏灯的线路。要求自己设计电路，分析原理，并写出工艺要求和注意事项。

2）在工作台或木板上安装两只双联开关控制一盏灯的线路。要求自己设计电路，分析原理，并写出工艺要求和注意事项。

3）在工作台或木板上安装两只双联开关和一只三联开关共同控制一盏灯的线路。要求自己设计电路，分析原理，并写出工艺要求和注意事项。

项目 3　小型配电板的安装

1．实训目标

1）掌握单相电度表的安装和接线方法。

2）掌握小型配电板的配线与安装方法。

2．实训仪器

1）单相电度表、三相电度表，各 1 块。

2）空气开关、普通刀开关、插座、熔断器等，各 2 只。

3）网孔板，2 块。

4）交流电流表、电压表、频率表，各 1 块。

5）电工工具，1 套。

6）导线若干根。

3．实训内容

为了控制和测量用户的用电情况，通常在室内进户管的墙上，将控制开关、插座、短路或过载保护电器、电度表等安装在同一箱体内或木板上，这就是配电箱或配电板。家庭小型配电板的安装与检修是电气技术人员的一项基本技能。

（1）电度表

1）单相交流电度表的接线方法。交流电能的测量大多采用感应系电度表，其结构如图 7-11 所示。单相电度表有专门的接线盒，接线盒内设有 4 个端钮，如图 7-12 所示。电压和电流线圈在电表出厂时已在接线盒中连好。单相电度表共有 4 个接线柱，从左至右按 1、2、3、4 编号，配线时，只需 1、3 端接电源，2、4 端接负载即可。少数也有 1、2 端接电源，3、4 端接负载的，接线时要参看电度表的接线图。若负载电流很大或电压很高，则应通过电流或电压互感器才能接入电路。接线应按电流互感器的初级与负载串联，次级与电度表的电压线圈并联的原则。

2）三相电度表的接线方法。三相电度表是按两表法测功率的原理，采用两只单相电度表组合而成的，其结构如图 7-13 所示。三相电度表的接线方法依据三相电源线制的不同略有不同。对于直接式三相三线制电度表，从左至右共 8 个接线柱，1、4、6 接进线，3、5、8 接出线，2、7 可空着；对直接式三相四线制电度表，从左至右共有 11 个接线柱，1、4、7 为 U、V、W 三相进线，10 为中性线进线，3、6、9 为 3 根相线出线，11 为中性线出线，2、5、8 可空着，如图 7-14 所示。对于大负荷电路，必须采用间接式三相电度表，接线时需配 2～3 个同规格的电流互感器。

3）使用电度表的注意事项如下。

① 不允许将电度表安装在负载小于 10%额定负载的电路中。

② 不允许电度表经常在超过额定负载值 125%的电路中使用。

③ 使用电压互感器、电流互感器时，其实际功耗应乘以相应的电流互感器及电压互感器的变比。

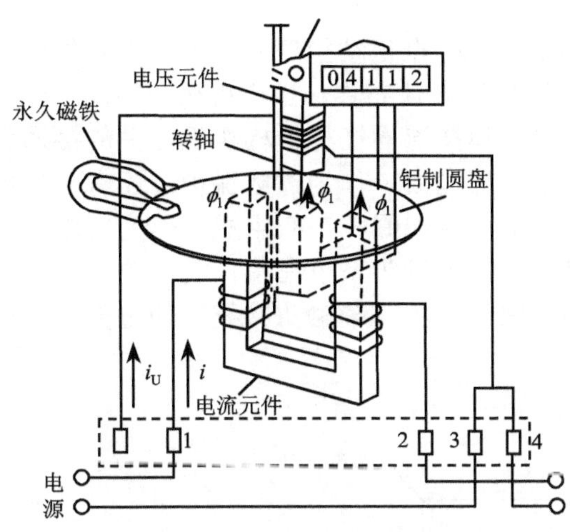

图 7-11　感应系电度表的结构示意图

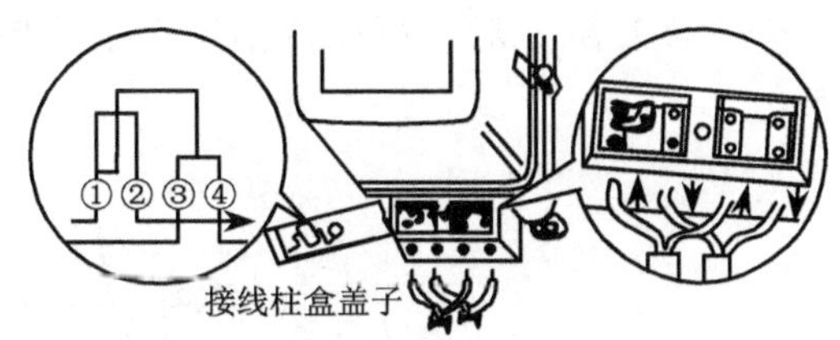

图 7-12　单相电度表的接线方法

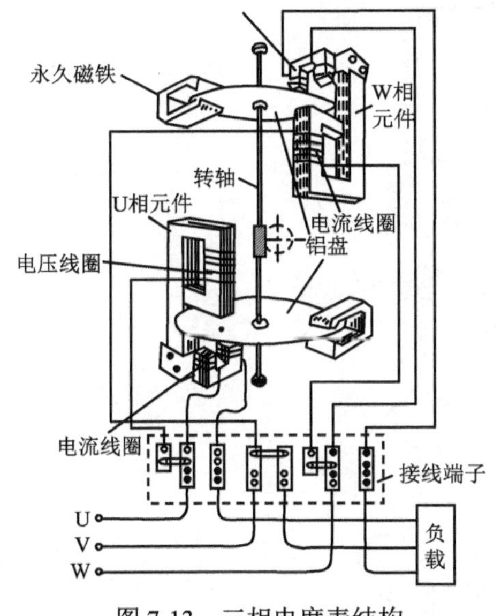

图 7-13　三相电度表结构

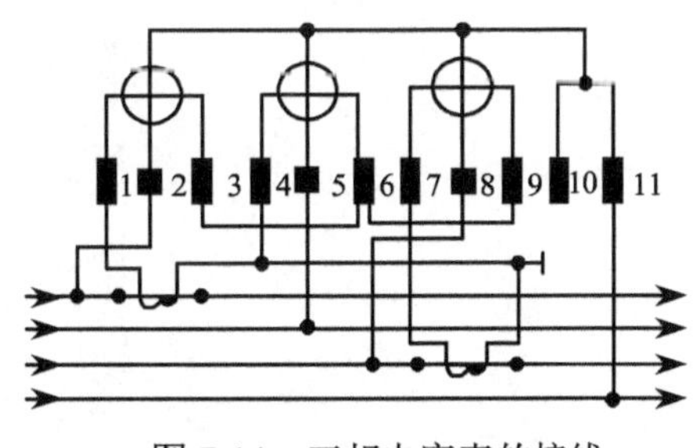

图 7-14　三相电度表的接线

（2）自动空气开关

自动空气开关又称自动空气断路器，是低压配电网络和电力拖动系统中一种非常重要的电器。具有操作安全、使用方便、工作可靠、安装简单、动作值可调、分断能力较高、兼有多种保护功能、动作后不需要更换元件等优点。

1）自动空气开关的分类如下。

① 按级数分：单极、双极和三极。

② 按保护形式分：电磁脱扣器式、热脱扣器式、复式脱扣器式和无脱扣器式。

③ 按分断时间分：一般式和快速式（先于脱扣机构动作，脱扣时间在 0.02 s 以内）。

④ 按结构形式分：塑壳式、框架式、限流式、直流快速式、灭磁式和漏电保护式。

电力拖动与自动控制线路中常用的自动空气开关为塑壳式，如 DZ5 系列和 DZ10 系列。DZ5 系列为小电流系列，其额定电流为 10～50 A；DZ10 系列为大电流系列，其额定电流等级有 100 A、250 A 和 600 A。

2）自动空气开关的结构及工作原理。以 DZ5—20 型自动空气开关为例，其外形和结构如图 7-15 所示。DZ5—20 型自动空气开关结构采用立体布置，操作机构在中间，外壳顶部突出为红色分断按钮和绿色停止按钮，通过储能弹簧连同杠杆机构实现开关的接通和分断；壳内底座上部为热脱扣器，由热元件和双金属片构成，作为过载保护，还有一电流调节盘，用来调节整定电流；下部为电磁脱扣器，由电流线圈和铁心组成，作为短路保护；还有一电流调节装置，用以调节瞬时脱扣整定电流；主触头系统在操作机构的下面，有动触头和静触头各 1 对，可作为信号指示或控制电路用；主、辅触头接线柱伸出壳外，便于接线。

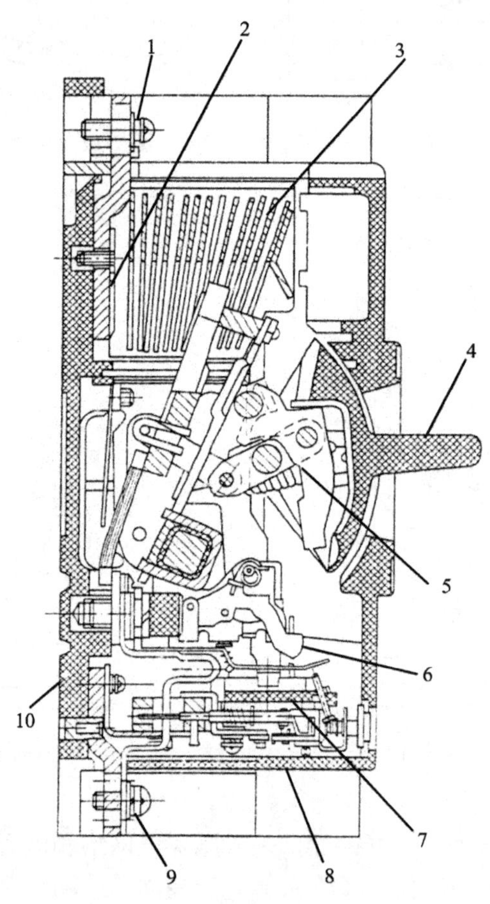

图 7-15　DZ5—20 型自动空气开关

1—引入线接线端子；2—主触头；3—灭弧室；4—操作手柄；5—跳钩；6—锁扣；

7—过电流脱扣器；8—塑料壳盖；9—引出线接线端子；10—塑料底座

自动空气开关的工作原理如图 7-16 所示。图中，①、②为自动空气开关的 3 副主触头（①为动触头、②为静触头），它们串联在被控制的三相电路中。当按下接通按钮时，外力使锁扣克服反力弹簧的斥力，使固定在锁扣上面的动触头与静触头闭合，并由锁扣锁住搭钩，使开关处于接通状态。

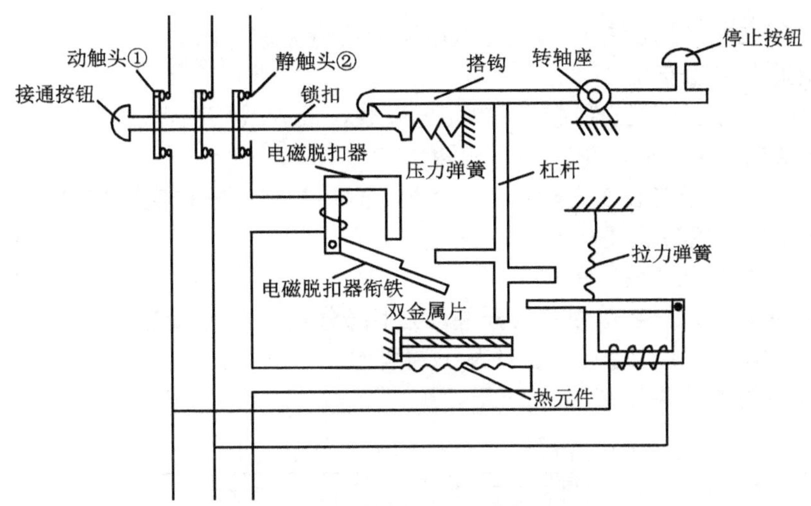

图 7-16　自动空气开关工作原理

当开关接通电源后，若电磁脱扣器、热脱扣器及欠电压脱扣器无异常反应，开关运行正常。当线路发生短路或严重过流时，短路电流超过瞬时脱扣整定值，电磁脱扣器产生足够大的吸力，将衔铁吸合并撞击杠杆，搭钩绕转轴座向上转动与锁扣脱开，锁扣在压力弹簧的作用下，将 3 副主触头分断，切断电源。

当线路发生一般性过载时，过载电流虽不能使电磁脱扣器动作，但能使热元件产生一定的热量，促使双金属片受热向上弯曲，推动杠杆使搭钩与锁扣脱开将主触头分断。

欠电压脱扣器的工作过程与电磁脱扣器恰恰相反。当线路电压正常时，欠压脱扣器产生足够的吸力，克服拉力弹簧的作用将欠压脱扣器衔铁吸合，衔铁与杠杆脱离，锁扣与搭钩才得以锁住，主触头方能闭合。当线路上电压全部消失或电压下降到某一数值时，欠压脱扣器吸力消失或减小，衔铁被拉力弹簧拉开并撞击杠杆，主电路电源被切断。同理，在无电源电压或电压过低时，自动空气开关也不能接通电源。

正常切断电路时，按下停止按钮即可。

3）自动空气开关的一般选用原则如下。

① 自动空气开关的额定工作电压不小于线路额定电压。

② 自动空气开关的额定电流不小于线路负载电流。

③ 热脱扣器的整定电流等于所控制负载的额定电流。

④ 电磁脱扣器的瞬时脱扣整定电流大于负载电路正常工作时的峰值电流。

对单台电动机来说，瞬时脱扣整定电流 I_z 可按下式计算：

$$I_z \geqslant K \cdot I_{st}$$

式中，K 为安全系数，可取 1.5～1.7；I_{st} 为电动机的启动电流。

对多台电动机来说，可按下式计算：

$$I \geqslant K(I_{st\max} + \sum I_n)$$

式中，K 取 1.5～1.7，$I_{st\max}$ 为其中最大容量的一台电动机的启动电流，ΣI_n 为其余电动机额定电流的总和。

⑤ 自动空气开关欠压脱扣器的额定电压等于线路额定电压。

（3）小型配电箱的安装

1）居民住宅用配电箱包括底板、单相电度表、插入式熔断器、单相空气开关、线槽等部分。其主要结构有上、中、下 3 层，如图 7-17 所示。

① 下层的左半部分安装 3 个较大的熔断器，具体规格应根据实际需要选定。右半部分安装接零排和接地排。电源进线从下层接进。

② 中层安装单相电度表，每户 1 只。

③ 上层的下半部分安装单相空气开关，上半部分安装插入式熔断器，在上层的最右边还要安装一个接地排和一个接零排。出线从上层引出。

④ 小型配电箱的线路如图 7-18 所示。

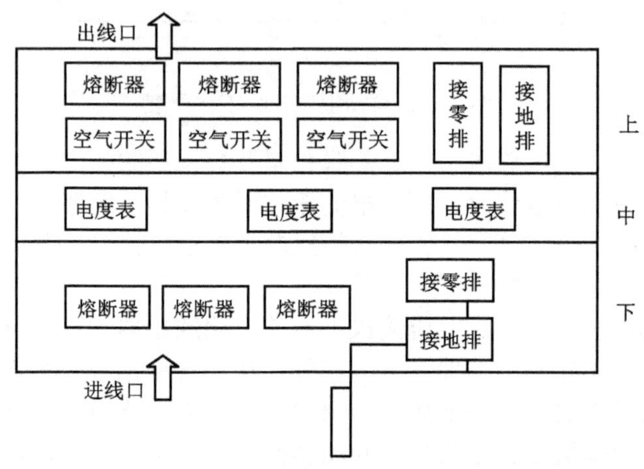

图 7-17　住宅用配电箱结构

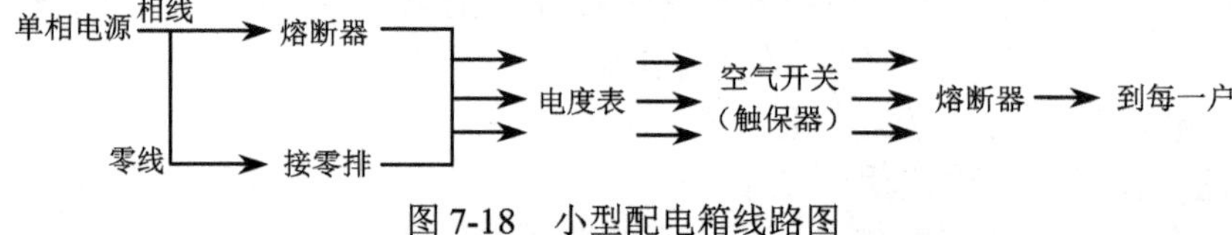

图 7-18　小型配电箱线路图

2）小型配电箱的安装步骤及要求如下。

① 按配电箱结构和元器件数目确定各元器件的位置。要求盘面上的电器排列整齐美观，便于监视、操作和维修。通常将仪表和信号灯居上，经常操作的开关设备居中，较重的电器居下，各种电器之间应保持足够的距离，以保证安全。在接线时空气开关必须接相线。

② 用螺钉固定各元器件，要安装牢固，无松动。

③ 按线路图正确接线，配线长短适度，不能出现压皮、露铜等现象；线头要尽量避免交叉，必须交叉时应在交叉点架空跨越，两线间距不小于 2 mm。

④ 配线箱内的配线要通过线槽完成，导线要使用不同的颜色。

3）目前在家庭和办公室中使用的配电箱，一般都是专业厂家生产的成套低压照明配电箱或动力配电箱。这些配电箱在低压电器的选用、元器件排布、工艺要求、外形美观等方面都有比较好的质量和性能。组合电箱有多种规格，家庭普遍采用 PZ30—10 系列产品。

① 家庭常用组合配电箱的结构如图 7-19 所示。中间是一根导轨，用户可根据需要在导

轨上安装空气开关和插座。上、下两端分别有接零排和接地排。

② 组合配电箱接线示意图如图 7-20 所示。在使用组合配电箱时，用户应根据实际需要合理的安排器件，如先设一总电源开关，再在每间房间设分开关。开关全部为空气开关，常用型号为 DZ47—63 型。当某一房间有短路、漏电等现象时，空气开关会自动断开，切断电源，以保证安全。同时也可知道线路故障的大致位置，便于检修。

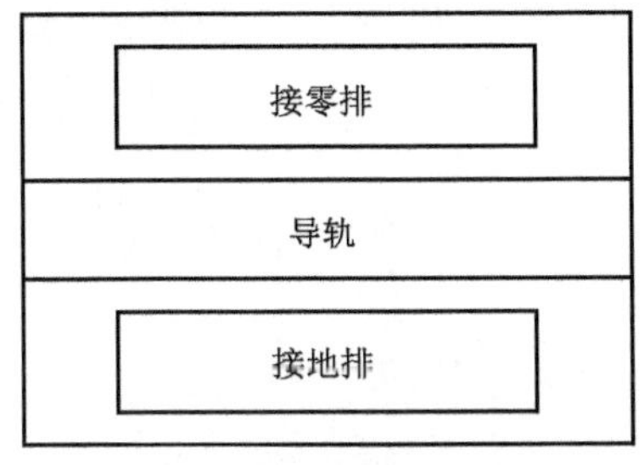

图 7-19　组合配电箱的结构

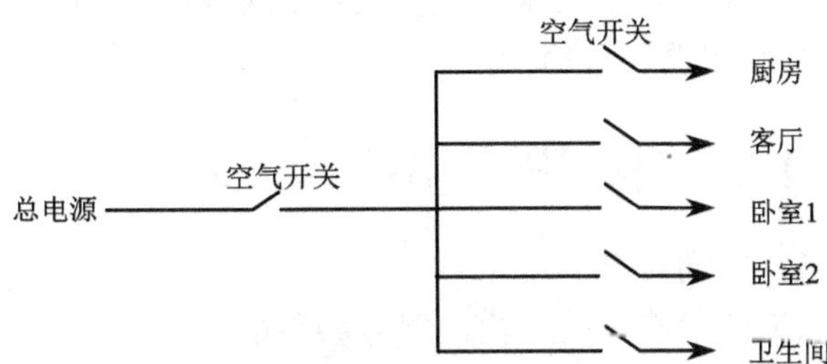

图 7-20　组合配电箱接线示意图

4．实训操作

（1）单相配电板安装练习

在一块网孔板上按图 7-21 安装一个单相小型配电板，要求如下。

1）元器件放置合理，走线横平竖直，接线牢固。

2）图中电源总开关先采用刀开关接入，然后再用空气断路器接一次，体会两者接线的差异。

3）在同一个工作台上连接照明电路，并在某一插座上接入一个 500～1 000 W 的电炉（或其他电器）作为负载，观察单相电度表的转动情况。

（2）三相配电板的安装练习

在网孔板上按图 7-22 安装一个三相小型配电板，要求如下。

1）元器件放置合理，走线横平竖直，接线牢固。

2）图中电源总开关先采用刀开关接入，然后再采用空气断路器接一次，体会两者接线的差异。

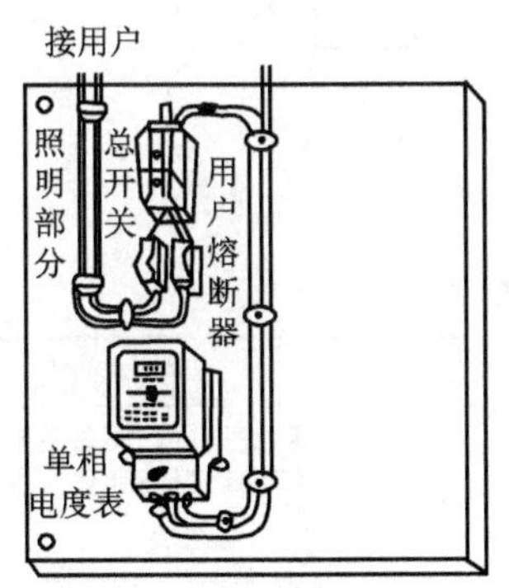

图 7-21　单相小型配电板接线图

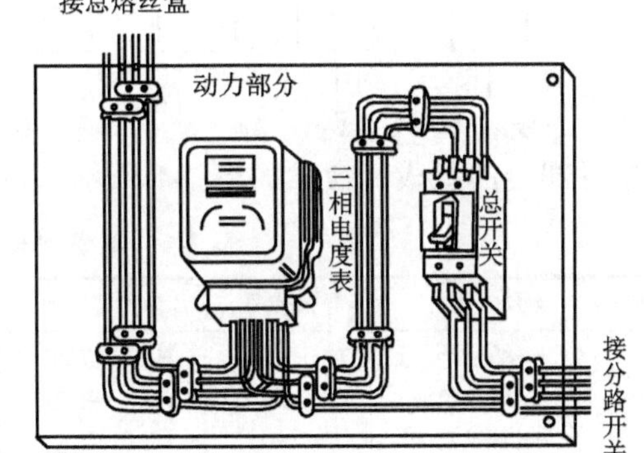

图 7-22　三相小型配电板接线图

（3）组合配电箱的安装练习

选 PZ30—10 组合配电箱，在箱内安装三孔插座、二孔插座各 1 个，单相空气开关 2～5 只。要求：配线合理，接线正确。

（4）实训内容操作

1）在工作台或木板上安装一只开关控制两盏灯的线路。要求自己设计电路，分析原理，并写出工艺要求和注意事项。

2）在工作台或木板上安装两只双联开关控制一盏灯的线路。要求自己设计电路，分析原理，并写出工艺要求和注意事项。

3）在工作台或木板上安装两只双联开关和一只三联开关共同控制一盏灯的线路。要求自己设计电路，分析原理，并写出工艺要求和注意事项。

项目 4　电缆的连接与敷设

1．实训目标

1）熟悉电缆的结构、型号和性能。

2）学会电缆的连接及其敷设方法。

2．实训仪器及工具

1）各种电缆样本。

2）电缆连接件若干。

3）电缆连接工具，1 套。

4）电工工具，1 套。

3．实训内容

（1）电缆的型号与结构

电缆是专门用于输送和分配电能的传输介质。按结构的不同，电缆有油浸纸绝缘铅（铝）包电缆、全塑电缆、油浸纸干绝缘电缆、不滴流电缆等多种类型。按缆芯数的不同，电缆有单芯、双芯、三芯、四芯之分。按电缆芯线材料的不同，电缆又有铜芯和铝芯之分。目前最常用的是三芯或四芯的油浸纸绝缘铅（铝）包电缆。电缆线路的主要优点是运行可靠、不易受外界的影响、不占地面空间。其缺点有成本高、敷设和维修困难、不易发现和排除故障等。

电缆的型号表示一般由 7 个部分组成，表示形式如下：

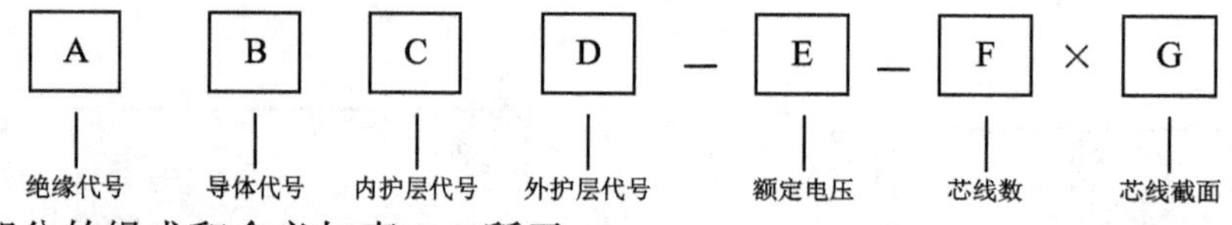

其中各部分的组成和含义如表 7-1 所示。

表 7-1　电缆型号的组成和含义

型号组成	绝缘代号	导体代号	内护层代号	派生代号	外护层代号
代号含义	Z── 纸绝缘 X── 橡皮绝缘 V── 聚氯乙烯绝缘 YZ──交联聚乙烯绝缘	T── 铜心 L── 铝心	H── 橡套 Q── 铅包 L── 铝包 V── 聚氯乙烯护套	P── 干绝缘 D── 不滴流 F── 分相铅包	1── 麻被护层、钢带铠装麻被护层或细钢丝铠装麻被护层 5──粗钢丝铠装 11──防腐护层或钢带铠装有防腐层 20──裸钢带铠装 30──裸细钢丝铠装 120──裸钢带铠装有防腐层

电缆的结构如图 7-23 所示。

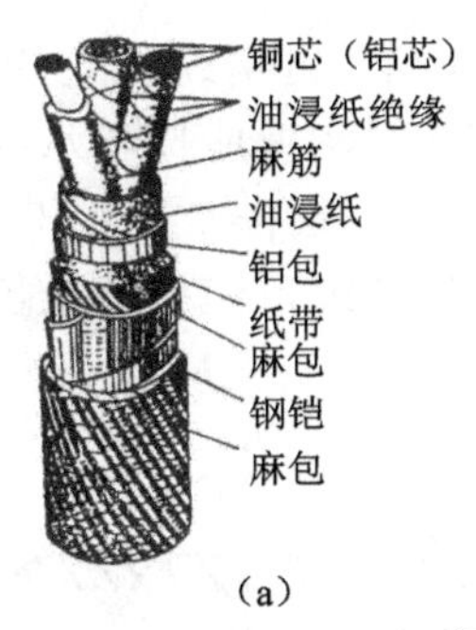

（a）

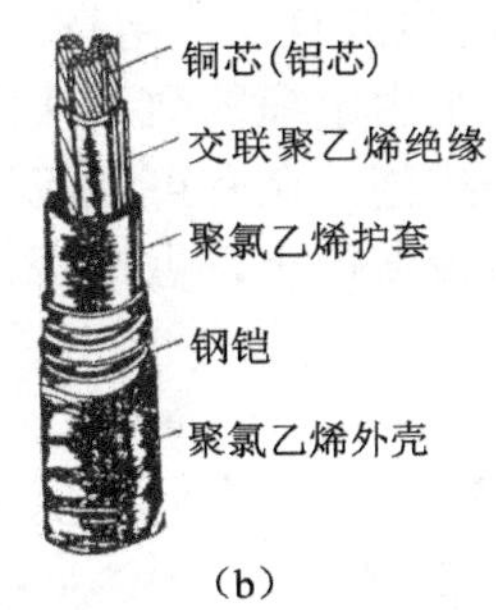

（b）

图 7-23 电缆结构
（a）油浸纸绝缘电缆 （b）交联聚乙烯绝缘电缆

（2）电缆的敷设方式

1）直埋敷设如图 7-24 所示。电缆直埋在地下，直埋的电缆深度不应小于 0.7 m，应先挖好电缆壕沟，沟底应平整，电缆上下应铺细沙，沙层的厚度不小于 100 mm，在细沙的覆盖层上盖砖或类似的保护层，保护层的宽度应超过电缆两侧各 50 mm，用土将沟填满时一般要高出地面 200 mm 左右。

多根电缆并列直埋时，缆间水平净距离不应小于 100 mm，地中并排埋设的电缆，由于散热的原因，原允许载流量应适当降低。电缆之间，电缆与其他管道、道路、建筑物之间平行或交叉时的最小距离如表 7-2 所示。若埋设的电缆经过有化学腐蚀或地中有杂散电流的地段，应按腐蚀程度的不同，采用塑料护套或防腐型电缆。

电缆直敷施工容易，造价小，散热好，但易受腐蚀和机械损伤，检修不方便，一般用于电缆根数不多的地方。

表 7-2 电缆之间，电缆与其他管道、道路、建筑物之间平行或交叉时的最小距离

项目		最小允许净距（m）		项目		最小允许净距（m）	
		平行	交叉			平行	交叉
电缆与控制电缆间	10 kV 及以下	0.1	0.5	电气化铁路路轨	交流	3.0	1.0
	10 kV 以上	0.25	0.5		直流	10.0	1.0
不同使用部门的电缆间		0.5	0.5	铁路路轨		3.0	1.0
热管道及热力设备		2.0	0.5	公路		1.5	1.0
油管道		1.0	0.5	城市街道路面		1.0	0.7
可燃气体及液体管道		1.0	0.5	电杆基础（边线）		1.0	
其他管道		0.5	0.5	建筑物基础（边线）		0.6	
排水沟		1.0	0.5				

2）隧道敷设如图 7-25 所示。遂道敷设检修维护方便，能容纳较多的电缆，但造价高，用料多，一般用于多电缆的配电装置中。

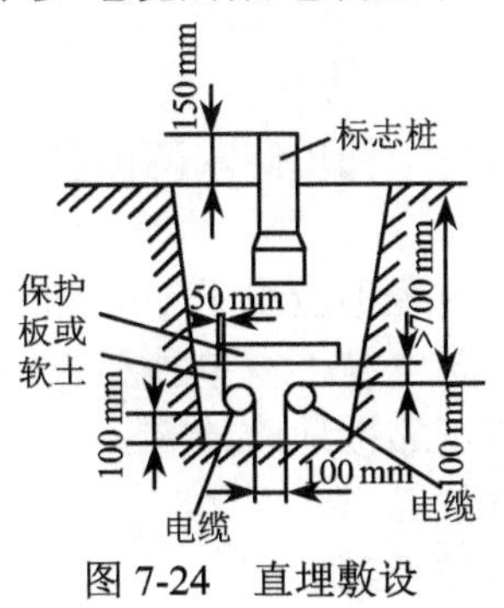

图 7-24 直埋敷设

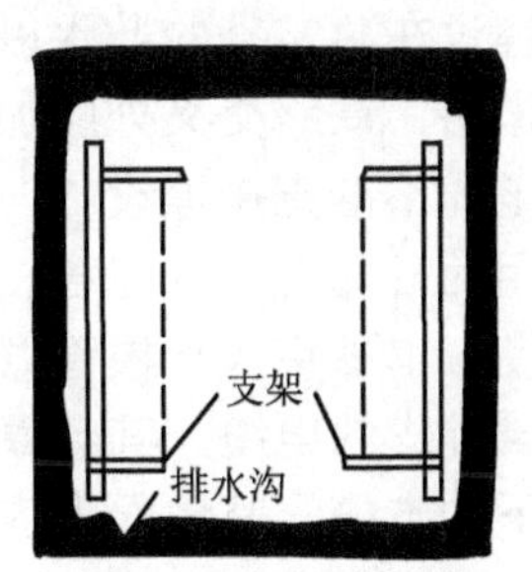

图 7-25 电缆隧道

3）缆沟敷设。电缆沟有室内电缆沟、室外电缆沟和厂区电缆沟之分，图 7-26 为电缆沟示意图。电缆沟的大小由电缆的数量决定，制作电缆沟时沟壁应抹防水的砂浆，室外电缆沟应设置防水和排水的措施，在有可能流入熔化金属液体或损坏电缆外护套的地段不应设置电缆沟的入口。缆沟敷设造价小，占地少，能容纳较多的电缆，但检修维护不方便，一般用于电缆更换少的地方。

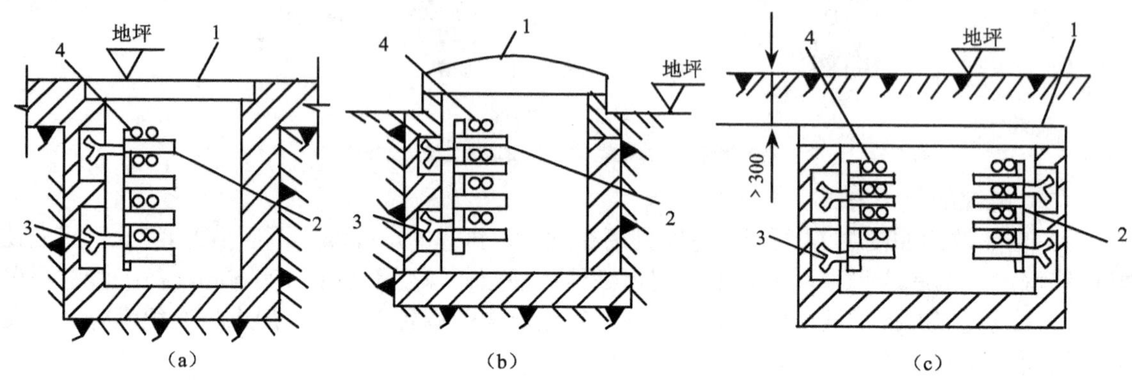

图 7-26　电缆沟示意图

（a）户内电缆沟　（b）户外电缆沟　（c）厂区电缆沟

1—盖板；2—电缆支架；3—预埋铁件；4—电力电缆

4）架空敷设是指沿墙、梁或柱用支架或吊架架空敷设电缆。架空敷设的电缆与热力管道的净距离不应小于 1 m，否则应采取隔热措施。架空敷设的结构简单，易于处理电缆和其他管线的交叉问题，但容易受热力管道的影响。

5）管道敷设。穿过墙壁、楼板、道路、铁路、引出建筑物的电缆应加管道敷设，从电缆沟道引出至电杆或墙面的电缆，距地面 2 m 以下的一段应加管保护，室内各种电缆有可能受到机械损伤或操作人员容易触及的部位应加保护管。

（3）电缆的敷设方法

敷设电缆有人工敷设和机械牵引敷设两种方法。

1）人工敷设适用于规格较小和线路较短的电缆敷设。施工时将施工人员分成两组站在沟的两边，抬着电缆线盘沿敷设方向前进，同时将电缆从线盘上缓慢放出，落入沟底。

2）机械牵引敷设是将电缆线盘固定在电缆沟的一端，在电缆沟的沟底每隔 1.5～2 m 放一副滚轮，在电缆沟的另一端加放牵引设备。施工时，将电缆端头用钢丝绳系在牵引设备上，然后开动牵引设备以每分钟 8～10 m 的速度将电缆从线盘中拉出。达到一定长度后，撤去滚轮并将电缆放在沟底。

电缆敷设时应注意以下几点。

1）电缆应埋设在建筑物的散水以外。

2）电缆和道路、铁路交叉处应加管保护，保护管应伸出路基两侧各 1 m。

3）非铠装电缆不准直接埋设。

4）穿电缆用的缸瓦管、水泥管、陶瓷管的最小内径不应小于 100 mm。

5）每根电缆应单独穿入一根管内，但是交流单芯电缆不得单独穿入钢管内。

6）凡有金属外皮的电缆，其金属外皮和铠甲应可靠接地或接零。

7）直埋地下的电缆，其地面上应设置明显的方位标志。

8）电缆埋地时应呈蛇形，以防止地面变形使电缆受到拉伸。

（4）电缆的连接

1）中间接头的连接。电缆中间接头的连接必须采用专用的接头盒。常用的有环氧树脂接头盒和生铁接头盒两种，外形如图 7-27 所示。

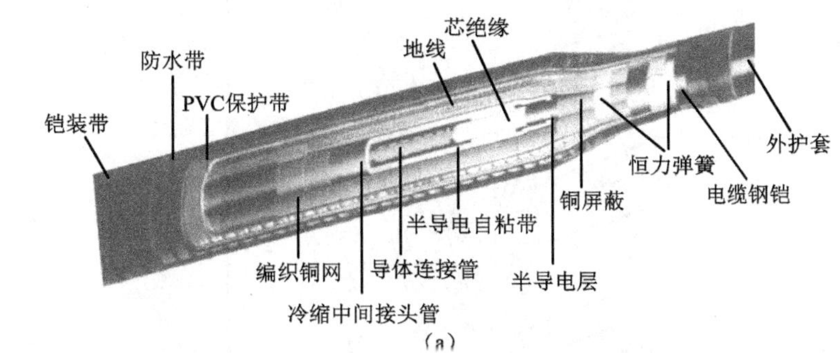

（a）

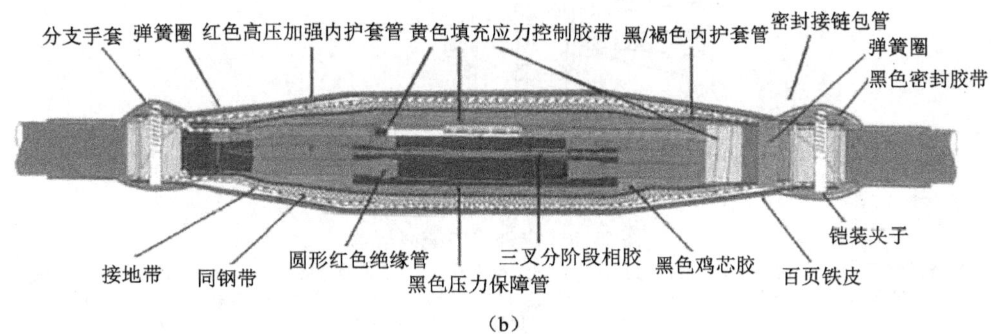

（b）

图 7-27 电缆接头盒

（a）环氧树脂接头盒 （b）生铁接头盒

油浸纸绝缘铅包电缆用环氧树脂接头盒进行中间接头的方法如下。

① 剥削电缆端头。用专用的手锯锯割铠装层，在剥铅包时，使包层形成喇叭口，在喇叭口以下 60 mm 的铅包层表面，用汽油洗净并用锉刀打毛后，用塑料带缠绕，在削统包纸层时，在喇叭口以下 25 mm 处用塑料缠绕统包纸层，然后剥去剩下的统包纸层，分开芯线并用汽油洗净。

② 连接芯线。用塑料带将每根芯线包缠一层，并将 3 根芯线均匀分开，剥去每根芯线上的油浸纸绝缘层，插入接头盒进行压接。

2）恢复绝缘层。将连接套管打毛，并用汽油洗净，拆去塑料带，用玻璃丝在每一根芯线上包缠。要求芯线上包两层，连接套管上包 4 层。以同样方法包缠统包层和三叉口分口处，并涂上环氧树脂涂料。

3）安装模具，并浇注环氧树脂。装上内壁涂有硅油脱模剂的壳模，在模具两端包上塑料带，防止环氧树脂溢出。浇注前，芯线置于壳模中间，接着将环氧树脂一次浇注。浇注半小时后，即可脱去壳模。

4）焊接地线。用裸铜导线将接头两端的金属外皮连成一体。

5）电缆终端的连接。电缆终端是指电缆始端和终端的电源接线端。电缆终端必须装在电缆终端盒中，电缆终端盒有户内式和户外式。户内式又可分为漏斗式、干封端和环氧树脂式等，其结构如图 7-28 所示；户外式又可分为鼎足式和并列式等，其结构如图 7-29 所示。

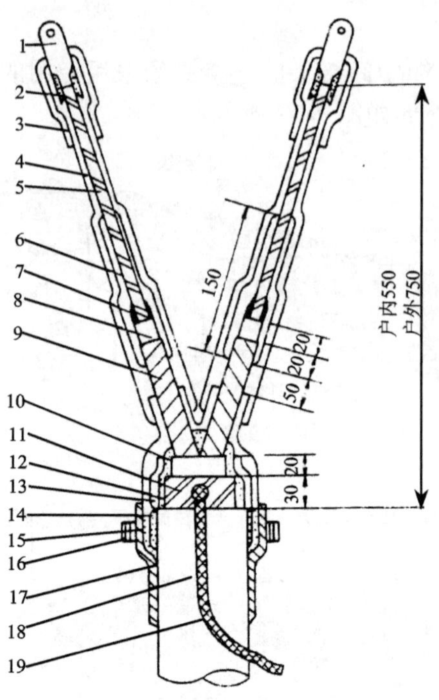

图 7-28　户外式电缆终端盒

1—缆芯接线端子；2—密封胶；3—热缩密封管；4—热缩绝缘管；5—缆芯绝缘层；6—应力控制管；7—应力疏散胶；8—半导体层；9—铜屏蔽层；10—热缩内护层；11—钢铠；12—填充胶；13—热缩环；14—密封胶；15—热缩三芯手套；16—喉箍；17—热缩密封套；18—PVC 外护套；19—接地线

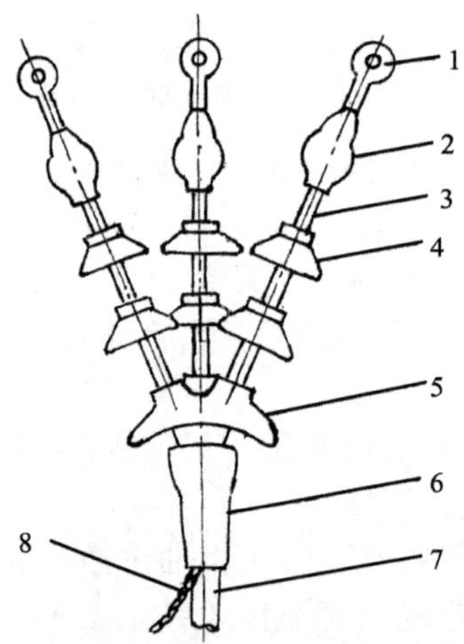

图 7-29　户外热缩电缆终端头

1—缆芯接线端子；2—热缩密封管；3—热缩绝缘管；4—单孔防雨伞裙；5—三孔防雨伞裙；6—热缩三芯手套；7—PVC 外护套；8—接地线

4．实训操作

1）认识各种电缆，能根据电缆的横截面说出其种类、名称、特点和使用场合。

2）剖削电缆样本，熟练说出电缆组成和结构特点。

3）观看电缆的敷设录像片或现场参观电缆的敷设过程。

第8章 电子实训

项目1 8路智力竞赛抢答器的制作

1．实训目标

（1）实现 8 路智力竞赛抢答器的基本功能

1）设计一个智力竞赛抢答器，可同时供 8 名选手或 8 个代表队参加比赛，其编号分别是 0、1、2、3、4、5、6、7，各用一个抢答按钮，按钮的编号与选手的编号相对应，分别是 S_0、S_1、S_2、S_3、S_4、S_5、S_6、S_7。

2）给节目主持人设置一个控制开关，用来控制系统的清零（编号显示数码管灭灯）和抢答的开始。

3）抢答器具有数据锁存和显示功能。抢答开始，若有选手按动抢答按钮，编号立即锁存，并在 LED 数码管上显示选手的编号，同时扬声器发出音响提示。此外，要封锁输入电路，禁止其他选手抢答，并将优先抢答选手的编号一直保持到主持人将系统清零为止。

（2）实现 8 路智力竞赛抢答器的扩展功能

1）抢答器具有定时抢答，且一次抢答的时间长度可以由主持人确定（如 30 s）。当节目主持人启动“开始”键后，要求定时器立即减计时，并用显示器显示，同时扬声器发出短暂的音响，音响持续时间为 0.5 s 左右。

2）参赛选手在设定的时间内抢答，抢答有效；有效抢答结束，定时器停止工作。显示器上显示选手的编号和抢答时刻的时间，并保持到主持人将系统清零为止。

3）如果定时抢答的时间已到，却没有选手抢答，本次抢答无效，系统短暂报警，并封锁输入电路。禁止选手超时后作无效抢答，时间显示器上显示 00。

2．实训仪器

1）优先编码器 74LS148 芯片，1 片。

2）锁存器 74LS279 芯片，1 片。

3）译码器 74LS48 芯片，3 片。

4）计数器 74LS192 芯片，2 片。

5）555 定时器，1 片。

6）七段数码管，3 个。

3．实训内容

抢答器的总体框图如图 8-1 所示，由主体电路和扩展电路两部分组成。主体电路完成基本的抢答功能，即开始抢答后，当选手按动抢答键时，能显示选手的编号，同时能封锁输入电路，禁止其他选手抢答；扩展电路完成定时抢答的功能。

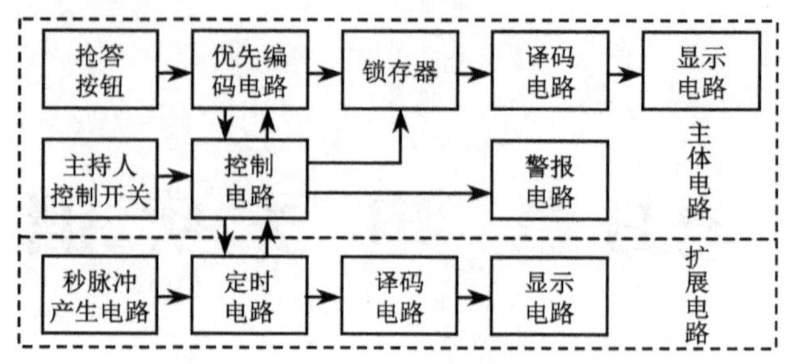

图 8-1　抢答器总体框图

抢答器工作过程是：接通电源时，节目主持人将开关置于“清零”位置，抢答器处于禁止工作状态，编号显示器灭灯，定时显示器显示设定的时间；当节目主持人宣布抢答题目后，说一声“抢答开始”，同时将控制开关拨到“开始”位置，扬声器发出音响提示，抢答器处于工作状态，定时器倒计时开始。当定时时间到，却没有选手抢答时，系统报警，并封锁输入电路，禁止选手在超时后抢答。当选手在定时时间内按动抢答键时，抢答器要完成以下四项工作。

1）优先编码电路立即分辨出抢答者的编号，并由锁存器进行锁存，然后由译码电路显示编号。

2）扬声器发出短暂音响，提醒节目主持人注意。

3）控制电路要对输入编码电路进行封锁，避免其他选手再次进行抢答。

4）控制电路要使定时器停止工作，时间显示器上显示剩余抢答时间，并保持到主持人将系统清零为止。当选手将问题回答完毕，主持人操作控制开关，使系统回复到禁止工作状态，以便进行下一轮抢答。

4．实训操作

根据设计的电路制作 PCB 板图，并按 PCB 板图焊接抢答器，最后调试运行。

（1）抢答电路

抢答电路的功能有两个：一是能分辨选手按键的先后，并锁存优先抢答者的编号，供译码显示电路用；二是要使其他选手的按键操作无效。选用优先编码器 74LS148 和 RS 锁存器 74LS279 可以完成上述功能，其电路组成如图 8-2 所示。

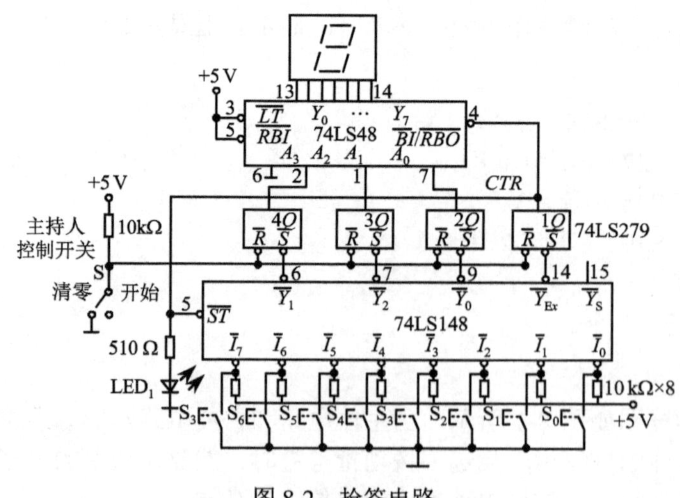

图 8-2　抢答电路

抢答：电路工作原理是：当主持人的控制开关处于“清零”位置时，RS 触发器的 $\overline{R}$ 端为低电平，输出端（$4Q$～$1Q$）全部为低电平，于是 74LS48 的 $\overline{RBI}=0$，显示器灭灯；74LS/48 的选通输入端 $\overline{ST}=0$，74LS/48 处于工作状态，此时锁存电路不工作。当主持人将开关拨到“开始”位置时，优先编码电路和锁存电路同时处于工作状态，即抢答器处于等待工作状态，等待输入端 $\overline{I_7}$～$\overline{I_0}$ 输入信号。当有选手将键按下时（如按下 S_5，74LS148 的输出 $\overline{Y_2}\overline{Y_1}\overline{Y_0}=000$，$\overline{Y_{EX}}=0$，经 RS 锁存器后，$CTR=1$，$BI=1$，74LS279 处于工作状态； $4Q3Q2Q=101$，经 74LS48 译码，显示器显示“5”。此外，$CTR=1$，使 74LS148 的 $\overline{ST}$ 端为高电平。74LSl48 处于禁止工作状态，封锁了其他按键的输入。当选手按下的键松开后，74LS148 的 $\overline{Y_{EX}}$ 为高电平，但由于 CTR 维持高电平不变，所以，74LS148 仍处于禁止工作状态，其他按键的输入信号不会被接收。这就保证了抢答者的优先性以及抢答电路的准确性。当优先抢答者回答完问题后，由主持人操作控制开关 S，使抢答电路复位，以便进行下一轮抢答。

（2）定时电路

节目主持人根据抢答题的难易程度，设定一次抢答的时间长度，通过预置时间电路对计数器进行预置。现选用十进制同步加/减计数器 74LS192 进行设计，计数器的时钟脉冲由秒脉冲电路提供，具体电路如图 8-3 所示。

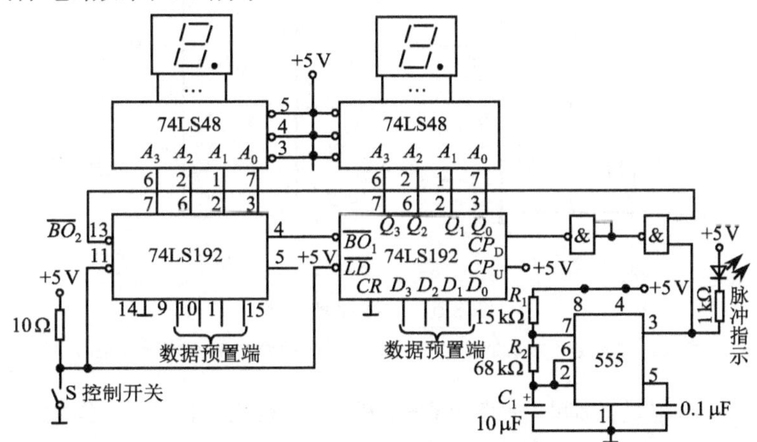

图 8-3 可预置时间的定时电路

（3）报警电路

由 555 定时器和三极管构成的报警电路如图 8-4 所示。

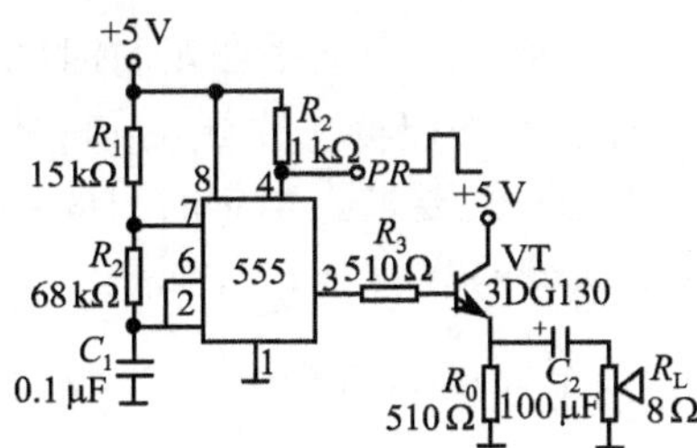

图 8-4 报警电路

555 定时器构成多谐振荡器时的振荡频率为

$$f_0 = \frac{1}{(R_1 + 2R_2)C\ln 2} \approx \frac{1.43}{(R_1 + 2R_2)C}$$

其输出信号经三极管推动扬声器。*PR* 为控制信号，当 *PR* 为高电平时，多谐振荡器工作；反之，电路停振。

（4）时序控制电路

时序控制电路是抢答器设计的关键，它要完成以下三项功能。

1）主持人将控制开关拨到“开始”位置时，扬声器发声，抢答电路和定时电路进入正常工作状态。

2）当参赛选手按动抢答键时，扬声器发声，抢答电路和定时电路停止工作。

3）当设定的抢答时间到，无人抢答时，扬声器发声，同时抢答电路和定时电路停止工作。

根据上面的功能要求以及图 8-2 和图 8-3，设计如图 8-5 所示的时序控制电路。

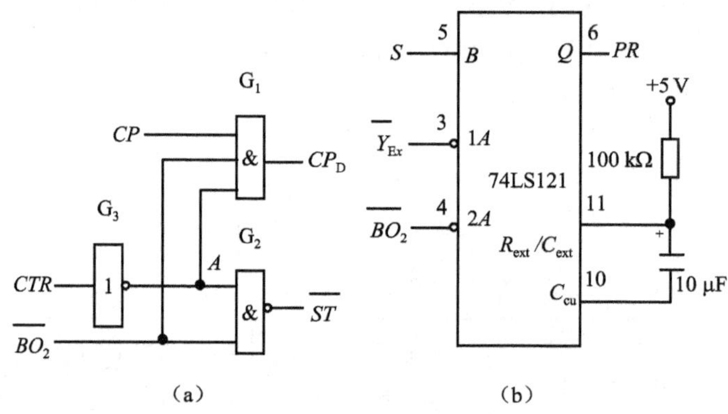

图 8-5　时序控制电路

（a）抢答定时电路的时序控制电路　（b）报警电路的时序控制电路

图中，门 G_1 的作用是控制时钟信号 *CP* 的放行与禁止，门 G_2 的作用是控制 74LS148 的输入使能端 $\overline{ST}$。图 8-5（a）的工作原理是：主持人将控制开关从“清零”位置拨到“开始”位置时，来自于图 8-2 中 74LS279 的输出 $CTR=0$，经 G_3 反相，$A=1$，则从 555 输出的时钟信号 *CP* 能够加到 74LS192 的 CP_D 时钟输入端，定时电路进行递减计时；同时，在定时时间未到时，来自图 8-3 中 74LS192 的借位输出 $\overline{BO_2}=1$，门 G_2 的输出 $\overline{ST}=0$，使 74LS148 处于正常工作状态，从而实现功能 1）的要求。当选手在定时时间内按动抢答键时，$CTR=1$，经 G_3 反相，$A=0$，封锁 *CP* 信号，定时器处于保持工作状态；同时，门 G_2 的输出 $\overline{ST}=1$，74LS148 处于禁止工作状态，从而实现功能 2）的要求。当定时时间到时，来自 74LS192 的 $\overline{BO_2}=0$，$\overline{ST}=1$，74LS148 处于禁止工作状态，禁止选手进行抢答。同时，门 G_1 处于关门状态，封锁 *CP* 信号，使定时电路保持 00 状态不变，从而实现功能 3）的要求。74LS121 用于控制报警电路及发声的时间。

（5）整机电路

经过以上各单元电路的设计，便得到抢答器的整机电路，如图 8-6 所示。

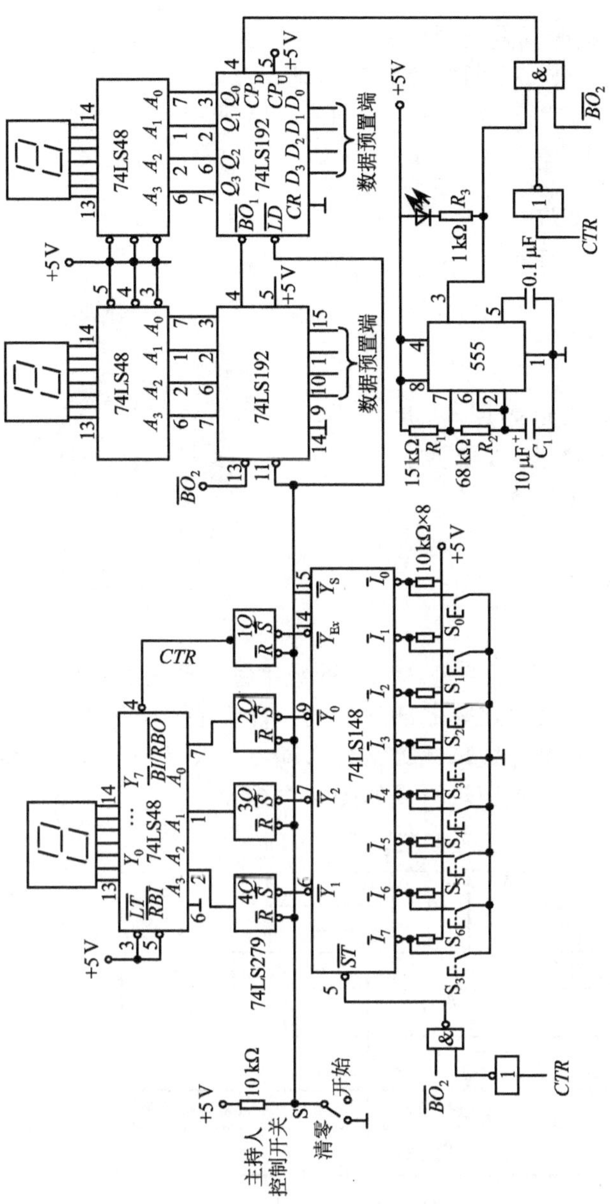

图 9-8　抢答器的整机电路

项目 2　多功能数字钟的电路设计

1．实训目标

1）时钟显示功能，能够以十进制显示“时”、“分”、“秒”。

2）具有快速校准时、分、秒的功能。

3）计时准确度高，每天计时误差不超过 1 s。

4）整点自动报时，在离整点 10 s 时自动发出鸣叫声，步长 1 s，每隔 1 s 鸣叫一次，前四响是低音，最后一响为高音，最后一响结束为整点。

以下内容选做。

1）闹钟功能，可按设定的时间发出提示音。

2）日历显示功能，显示“年”、“月”、“日”信息。

2．实训仪器

1）七段数码管，6 只。

2）译码器 74LS48 芯片，6 片。

3）分频器 74LS74 芯片，1 片。

4）十进制计数器 74LS191 芯片，1 片。

5）石英晶体振荡器，1 块。

6）555 定时器，1 片。

7）二—五—十计数器 74LS90 芯片，5 片。

8）十二分频计数器 74LS92 芯片，2 片。

9）与非门 74LS00 芯片，2 片。

10）六反向器 74LS04 芯片，1 片。

11）导线、电阻、电容若干。

3．实训内容

一个具有计时、校时、报时、显示等基本功能的数字钟主要由振荡器、分频器、计数器、译码器、显示器、校时电路、报时电路等七部分组成。石英晶体振荡器产生的信号经过分频器得到秒脉冲，秒脉冲送入计数器计数，计数结果通过“时”、“分”、“秒”译码器译码，并通过显示器显示时间。数字钟的整机逻辑框图如图 8-7 所示。

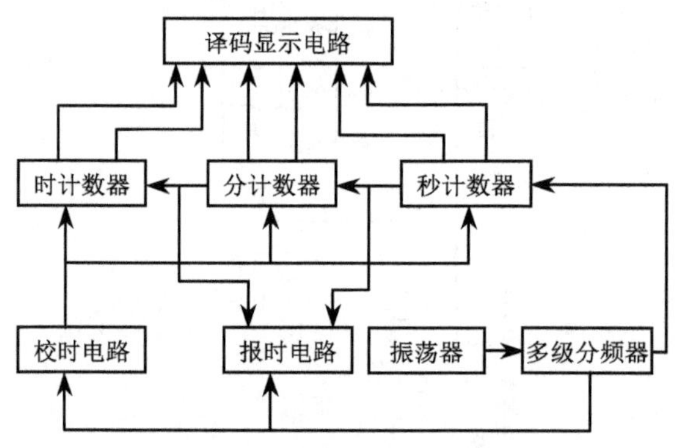

图 8-7　数字钟整机逻辑图

（1）石英晶体振荡器

石英晶体振荡器的特点是振荡频率准确、电路结构简单、频率易调整，它是电子钟的核心，用它产生标准频率信号，再由分频器分成秒时间脉冲。用反相器与石英晶体构成的振荡电路如图 8-8 所示。利用两个非门 G_1 和 G_2 自我反馈，使它们工作在线性状态，然后利用石英晶体振荡器 Z_1 来控制振荡频率。振荡频率的精度与稳定度基本上决定数字钟的准确度，振荡频率越高，计时准确度越高。目前常见的石英晶体振荡频率为 4 MHz，振荡器输出频率为 4 MHz。

（2）分频器

时间标准信号的频率很高，要得到秒脉冲，需要分频电路。例如，晶体振荡器输出 4 MHz 信号，可通过 D 触发器（如 74LS74）进行 4 分频变成 1 MHz，也可以将 10 分频计数器 74LS160

（或 74LS90）进行 4 分频变成 1 MHz，然后送到 10 分频计数器 74LS160（或 74LS90），经过 6 次 10 分频而获得 1 Hz 的方波信号。

（3）计数器

整个计数器电路由秒计数器、分计数器、时计数器串接而成。秒计数器和分计数器各自由一个十进制计数器和一个六进制计数器串接组成，形成两个六十进制计数器。时计数器可由两个十进制计数器串接并通过反馈接成二十四进制计数器。

（4）译码器

译码器由 6 片 74LS247（或 74LS48）组成。74LS247 驱动器是与 8421BCD 编码计数器配合用的七段译码驱动器。一片 74LS247 驱动一只数码管，72LS247 是集电极开路输出，为了限制数码管的导通电流，在 72LS247 的输出与数码管的输入端之间均应串联有限流作用的电阻。

（5）显示器

本系统用七段数码管来显示译码器输出的数字。数码管有两种：共阳极或共阴极。74LS247 驱动器是低电平输出，采用共阳极数码管。

（6）校时电路

刚接通电源或走时不准时，都需要进行时间校准。实现校时电路的方法有很多种，采用基本 RS 触发器构成单脉冲发生器是其中的一种，电路如图 8-9 所示。当重新接通电源或走时出现误差时都需要对时间进行校正。通常，校正时间的方法是：首先截断正常的计数通路，然后再进行人工触发计数或将频率较高的方波信号加到需要校正的计数单元的输入端，校正好后，再转入正常计时状态即可。

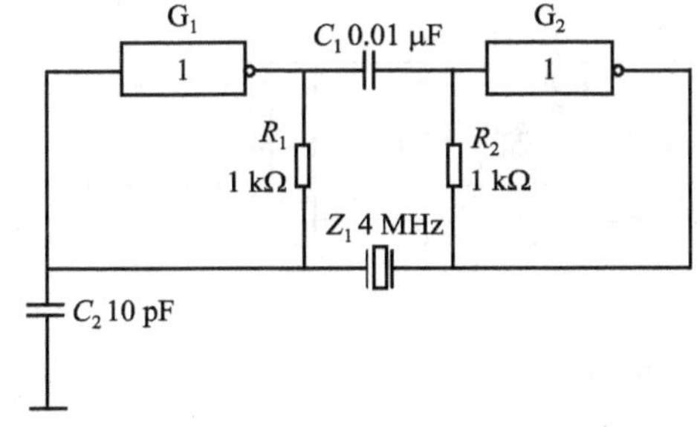

图 8-8 石英晶体振荡电路

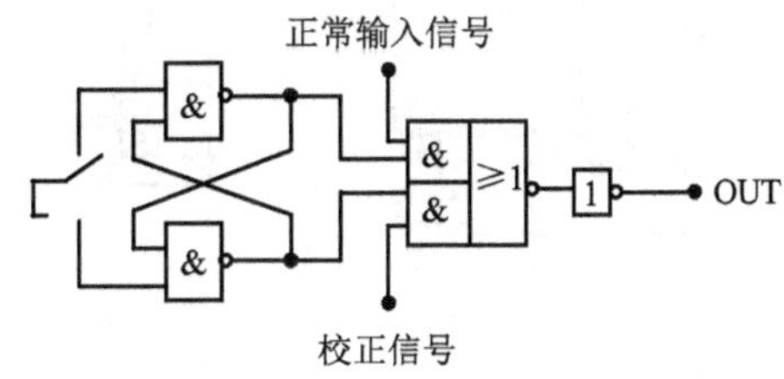

图 8-9 带有基本 RS 触发器的校时电路

根据要求，数字钟应具有分校正和时校正功能，因此应截断分个位和时个位的直接计数通路，并采用正常计时信号与校正信号可以随时切换的电路接入其中。图 8-9 所示即为带有基本 RS 触发器的校时电路，

4．实训操作

1）设计整机电路，如图 8-10 所示。

2）根据整机电路画出 PCB 板，并列出所需器件清单。

3）采购元器件，并按电路图接线，认真检查电路是否正确，注意元器件管脚的连接，“悬空端”、“清零端”、“置 1 端”要正确处理。

4）调试振荡电路，用示波器观察振荡频率。

5）将振荡输出频率送入各分频器，观察其输出频率是否符合设计要求。

6）检查各级计数器的工作情况。

7）观察校时电路的功能是否满足校时要求。

8）当分频器和计数器调试正常后，观察电子钟是否正常准确地工作。

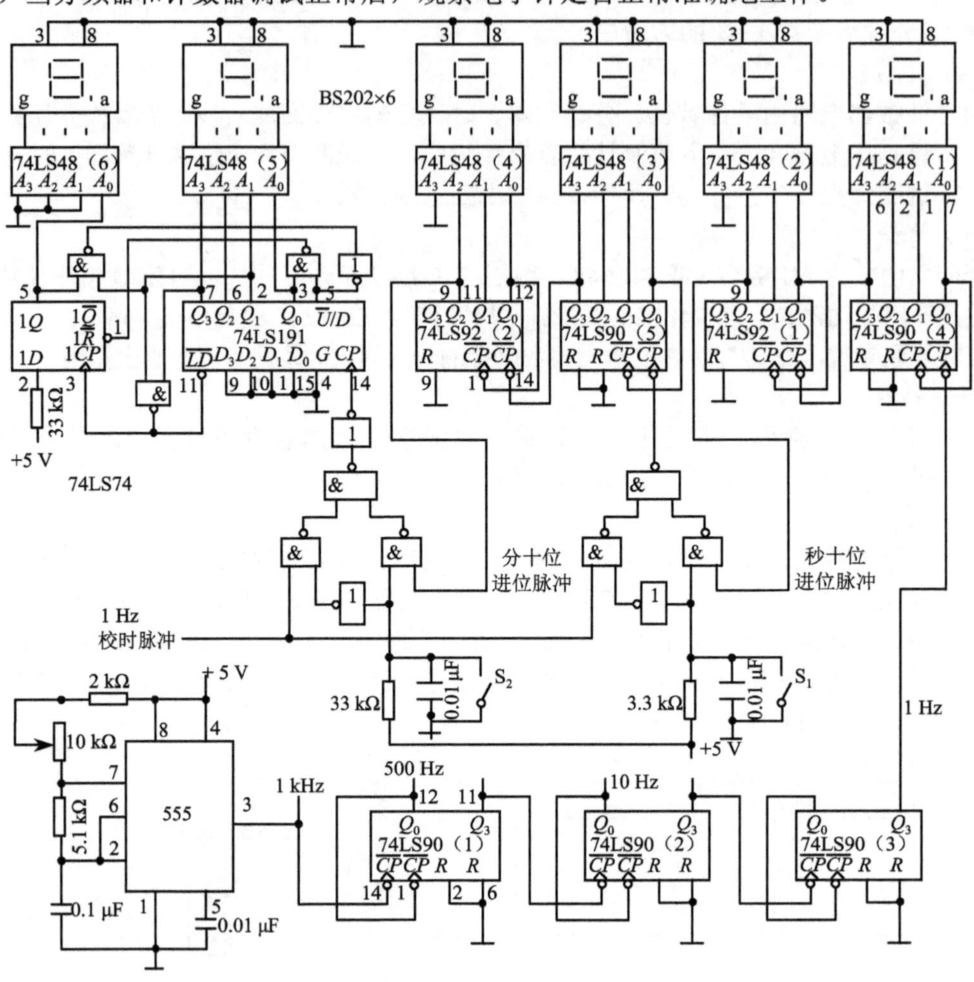

图 8-10　整机电路

项目 3　直流稳压电源及充电器设计

1．实训目标

设计并制作一个连续可调直流稳压电源及充电器，主要技术指标要求如下。

1）输出电压：交流 220 V；直流 3 V、6 V。

2）最大输出电流：500 mA。

3）电池充电器：左通道（E1，E2）充电电流 50～60 mA（普通充电）；右通道（E3，E4）充电电流 110～130 mA（快速充电）。

4）稳压电源和充电器可同时使用，但两者电流之和不能超过 500 mA。

2．实训仪器

1）NPN 型三极管，3 只。

2）PNP 型三极管，2 只。

3）发光二极管，4 只。

4）普通二极管，2 只。

5）整流二极管，4 只。

6）电容，3 个。

7）变压器，1 台

8）电阻若干只。

3．实训内容

（1）直流稳压电源原理

直流稳压电源是一种将 220 V 交流电转换成 6 V、9 V 直流电并稳压输出的装置，它需要变压、整流、滤波、稳压 4 个环节才能完成，如图 8-11 所示。

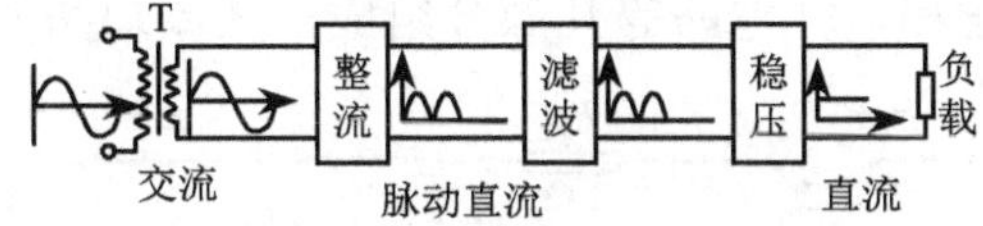

图 8-11 直流稳压电源方框图

1）电源变压器：将 220 V 的交流电压变换为 9 V 的交变电压，为整流滤波电路提供所需电压。

2）整流电路：利用单向导电元件，把 50 Hz 的正弦交流电变换成脉动的直流电。

整流电路常采用二极管单相全波整流，如图 8-12 所示。在 u_2 的正半周内，二极管 VD_1、VD_4 导通，VD_2、VD_3 截止；u_2 的负半周内，VD_2、VD_3 导通，VD_1、VD_4 截止。正、负半周内都有电流流过负载电阻 R_L，且方向是一致的。整流电路的输出波形如图 8-13 所示。

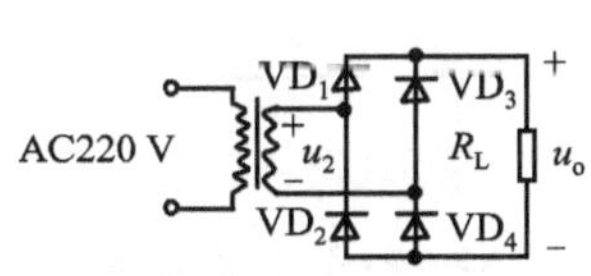

图 8-12 整流电路

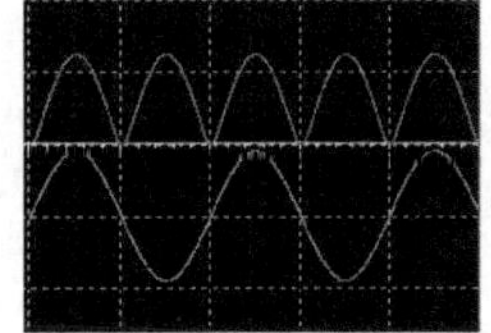

图 8-13 输出波形

在桥式整流电路中，每个二极管都只在半个周期内导电，所以流过每个二极管的平均电流等于输出电流平均值的一半，即 $I_f = \frac{1}{2} I_{o1}$。电路中的每只二极管承受的最大反向电压为 $\sqrt{2}U_2$（U_2 是变压器副边电压有效值）。

3）滤波电路：将整流电路输出电压中的交流成分大部分加以滤除，从而得到比较平滑的直流电压，但其输出的电流、电压不太稳定，内阻和纹波较大。滤波电路，如图 8-14 所示。电路输出的仿真波形如图 8-15 所示。

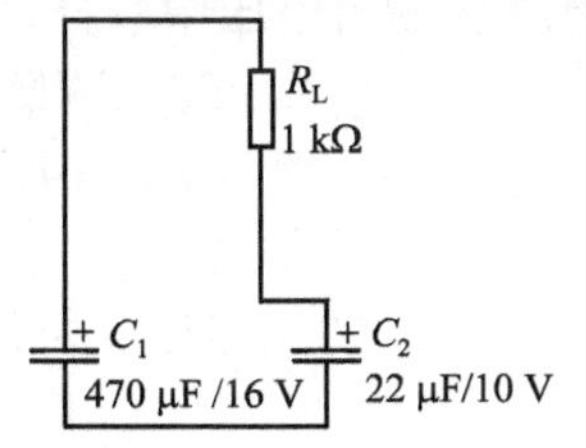

图 8-14 滤波电路

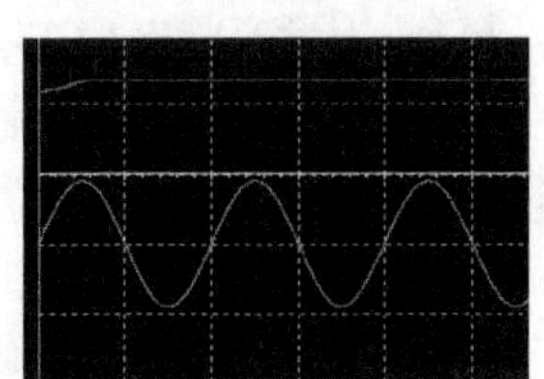

图 8-15 仿真波形

4）稳压电路：使输出的直流电压稳定，不随交流电网电压和负载的变化而变化。

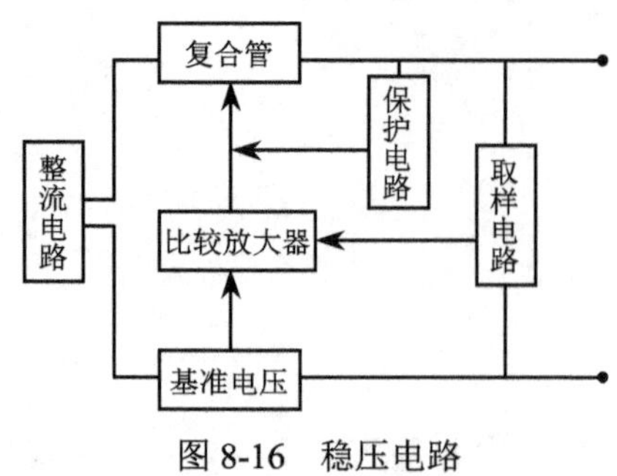

图 8-16　稳压电路

设计中，由于滤波电路输出电压和电流不太稳定，常利用电容两端的电压不能突变和流过电感的电流不能突变的特点将电容与负载电阻并联或电感与负载电阻串联，以达到使输出波形基本平滑的目的。选择电容滤波电路后，直流输出电压 U_{o1}=（1.1～1.2）U_2，直流输出电流 $I_{o1}=\dfrac{I_2}{1.5\sim2}$（$I_2$ 是变压器副边电流的有效值），稳压电路可以采用复合管稳压电路。其组成框图如图 8-16 所示。

具有放大环节的串联型晶体管稳压电路是由调整元件、比较放大、基准电压和取样电路等几部分组成，其原理图如图 8-17 所示。

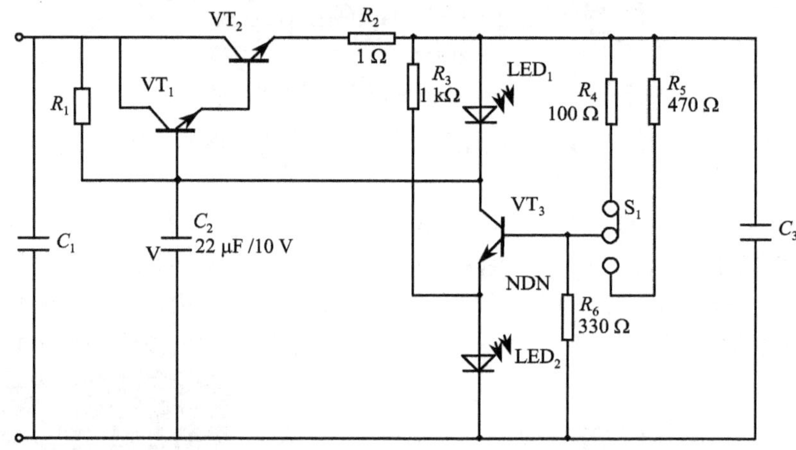

图 8-17　稳压电路原理图

VT_1、VT_2 是复合管作为电压调整管，LED_2 为发光二极管同时又有稳压管的作用，提供基准电压，R_3 是它的限流电阻，它们在一起组成稳压电路。电阻 R_4、R_5 和 R_6 组成分压器，其作用是把输出电压的变化量取出一部分，加到由 VT_3 组成的放大器的输入端，所以叫作取样电路。VT_3 是比较放大管，R_1 是它的集电极负载电阻，也是 VT_1 的基极偏置电阻，它将基极的取样电压与发射极的基准电压进行比较并将其差值进行放大。从 VT_3 集电极输出的信号直接加到复合管 VT_1 和 VT_2 的基极。VT_3 输出电流控制电压调整管集电极、发射极间等效电阻的大小。C_1、C_2、C_3 是滤波电容。C_2、VT_1、VT_2、R_1 又组成有源电子滤波电路。

当输出电压 U_o 上升时，电路将发生如下变化：取样电路从输出电压中取样，使 VT_3 基极电位 U_{b3} 上升，因稳压管 LED_2 的作用使 VT_3 发射极电位 U_{e3} 不变，则 VT_3 发射结正向偏置电压 U_{be3} 上升，使 VT_3 基极电流 I_{b3} 增加，VT_3 集电极电流 I_{c3} 增加，流过 R_1 的电流 I 增大，R_1 上压降增大使复合管基极电位 U_{b1} 下降，使 VT_1 发射结正向偏置电压 U_{be1} 下降，VT_1 基极电流 I_{b1} 下降，使 VT_1 的集电极、发射极间等效电阻 R 增加，VT_1 的集电极、发射极间电压 U_{ce1} 增加，从而输出电压 U_o 下降，达到稳压的目的。

同理，当输出电压 U_o 下降时，有下述变化过程：

$U_o\downarrow\to U_{b3}\downarrow\to U_{be3}\downarrow\to I_{b3}\downarrow\to I_{c3}\downarrow\to U_{b1}\uparrow\to U_{be1}\uparrow\to I_{b1}\uparrow\to R\uparrow\to U_{ce1}\downarrow\to U_o\uparrow$

同样，当电网电压变化使输出电压 U_o 变化时，稳压电路也有上述过程：

$U_o\uparrow\rightarrow U_{b3}\uparrow\rightarrow U_{c3}\downarrow\rightarrow U_{b1}\downarrow\rightarrow U_o\downarrow$

调节电路中开关 S_1 可以改变输出电压 U_o 的大小：

$S_1\uparrow\rightarrow U_{b3}\uparrow\rightarrow U_{c3}\downarrow\rightarrow U_{b1}\downarrow\rightarrow U_o\downarrow$

当放大器的放大倍数越大时，输出电压的稳定度就越高。

（2）直流稳压电源充电器部分

充电器原理图如图 8-18 所示。

从桥式整流电路输出的直流经过电阻 R_7 后，在 VT_4 集电极产生压降，对电池进行普通充电。快速充电部分原理与普通充电电路原理相同，但由于 R_9 阻值比 R_7 阻值小，而桥式整流电路输出电压一定，因此在快速充电电路产生的电流大。

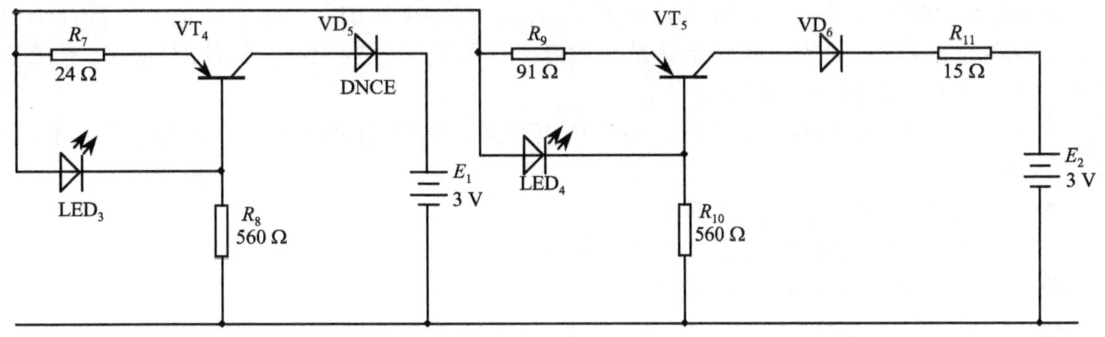

图 8-18　充电器原理图

（3）整机电路

整机电路如图 8-19 所示。

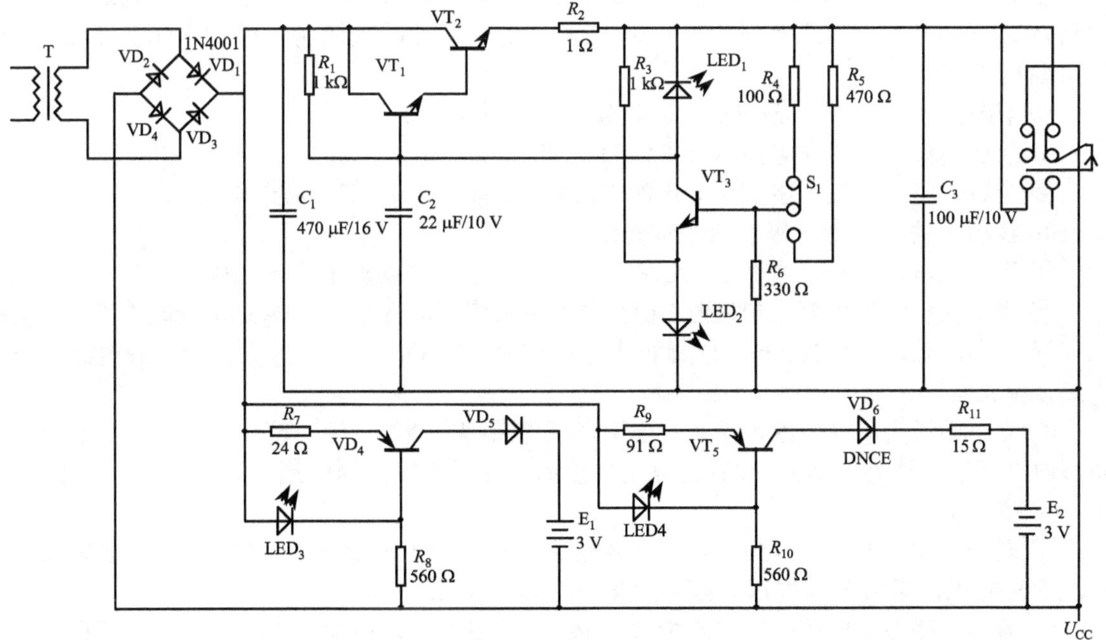

图 8-19　直流稳压电源及充电器整机电路

4．实训操作

（1）设计 PCB 板

按上述整机图设计相应的 PCB 板。

（2）焊接与安装

1）清查元器件的数量与质量，对不合格的元器件要及时更换。

2）确定元器件的安装方式、安装高度，一般它由该元器件在电路中的作用、PCB 板与外壳间的距离以及该元器件两安装孔之间的距离所决定。

3）进行引脚处理，即把元器件的引脚弯曲成形并进行烫锡处理。成形时不能从引脚根部弯曲，尽量把有字符的元器件面置于可观察的位置，字符应从左到右（卧式），或从上到下（直立式）。

4）插装。根据元件位号对号插装，不可插错，对有极性的元器件，插孔时应特别小心。

5）焊接。各焊点加热时间及用锡量要适当，对耐热性差的元器件应使用辅助工具散热，防止虚焊、错焊，避免因拖锡造成短路。

6）焊后处理。剪去多余引脚线，检查所有焊点，对缺陷进行修补，必要时用无水酒精清洗 PCB 板。

7）盖后盖上螺钉。盖后盖前需要检查：

① 所有与面板孔嵌装的元器件是否正确到位；

② 变压器是否坐落在安装槽内；

③ 导线不可紧靠铁芯；

④ 是否有导线压住螺钉孔或散露在盖外。

（3）测试与调整

整机安装完毕，按原理图及工艺要求检查整机安装情况，着重检查电源线、变压器连线、输出连线及两块 PCB 板的连线是否正确、可靠，连线与 PCB 板相邻导线及焊点有无短路及其他缺陷。一切正常时用万用表欧姆挡测得电源插头两引脚间的电阻大于 500 Ω，即可通电检测。

1）测试：空载电压、输出极性、负载能力、过载保护。

① 接通电源，绿色通电指示灯（LED_1）亮。

② 空载时测量通过十字插头输出的直流电压，其值应略高于额定电压。

③ 拨动开关 S_2，输出极性应相应变化。

④ 当负载电流在额定值 150 mA 左右时，输出电压的误差小于±10%。

⑤ 当负载电流增大到一定值时 LED_1 绿色指示灯逐渐变亮，LED_2 逐渐变暗，同时输出电压下降。当电流增大到 500 mA 时保护电路起作用，LED_1 亮，LED_2 灭。若负载电流减小则电路恢复正常。

⑥ 充电通道内不装电池，置万用表于直流电流挡，当红、黑表笔分别触及所测通道的正负极时（两节电池为一组），被测通道充电指示灯亮，所显示的电流值即为充电电流值。

2）调整。

① 若稳压电源负载在 150 mA，输出电压误差大于规定值的±10%时，3 V 挡更换 R_4，6 V 挡更换 R_5，阻值增大电压升高，阻值减小电压降低。

② 若要改变充电电流值，可更换 R_7（R_9），阻值增大，充电电流减小，阻值减小，充电电流增大。

项目 4　数字温度计的设计与实现

1．实训目标

采用数字式温度传感器作为检测器件，进行单点温度检测。用数码管直接显示温度值，微机系统作为数字温度计的控制系统。

（1）基本要求

1）检测的温度范围：0～100 ℃，检测分辨率为±0.5 ℃。

2）用 4 位数码管来显示温度值。

3）超过警戒值（自行定义）要报警提示。

（2）提高要求

1）扩展温度范围。

2）增加检测点的个数，实现多点温度检测。

2．实训仪器

1）温度传感器 DS18B20，1 只。

2）51 系列单片机（AT89C51），1 只。

3）可编程并行接口 8255 芯片，1 片。

4）集成七段数码显示器，4 只。

3．实训内容

由 DALLAS 半导体公司生产的 DS18B20 型单线智能温度传感器，属于新一代适配微处理器的智能温度传感器，可广泛应用于工业、民用、军事等领域的温度测量及控制仪器、测控系统和大型设备中。具有体积小，接口方便，传输距离远等特点。

（1）DS18B20 的性能特点

1）采用单总线专用技术，既可通过串行口线，也可通过其他 I/O 口线与微机接口，无须经过其他变换电路，直接输出被测温度值（9 位二进制数，含符号位）。

2）测温范围为-55～+125 ℃，测量分辨率为 0.062 5 ℃。

3）内含 64 位经过激光修正的只读存储器 ROM。

4）适配各种单片机或系统机。

5）用户可分别设定各路温度的上、下限。

6）内含寄生电源。

（2）DS18B20 的内部结构

DS18B20 内部结构主要由四部分组成：64 位光刻 ROM、温度传感器、非挥发的温度报警触发器 TH 和 TL、高速暂存器。64 位光刻 ROM 是出厂前被光刻好的，它可以看作是该 DS18B20 的地址序列号。64 位光刻 ROM 结构图如图 8-20 所示。不同的器件地址序列号不同，DS18B20 的管脚排列如图 8-21 所示。

8位检验CRC	48位序列号	8位工厂代码（10H）
MSB		LSB

图 8-20　64 位光刻 ROM 结构图

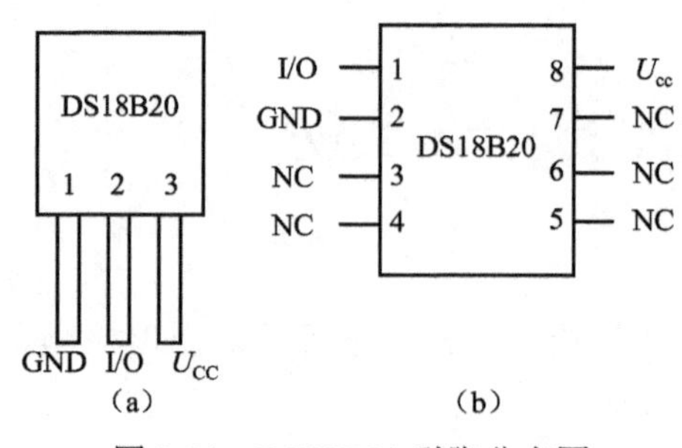

图 8-21 DS18B20 引脚分布图

（a）PR—35 封装 （b）SOS 封装

DS18B20 高速暂存器共有 9 个存储单元，如表 8-1 所示。

表 8-1 DS18B20 高速暂存器存储单元名称表

序　号	寄存器名称	作　用	序　号	寄存器名称	作　用
0	温度低字节	以 16 位补码形式存放	4	配置寄存器	
1	温度高字节		5、6、7	保留	
2	TH/用户字节 1	存放温度上限	8	CRC	
3	HL/用户字节 2	存放温度下限			

以 12 位转化为例说明温度高低字节存放形式及计算：12 位转化后得到的 12 位数据，存储在 DS18B20 的高低各 8 位的 RAM 中，二进制中的前面 5 位是符号位。如果测得的温度大于 0，这 5 位为 0，只要将测到的数值乘以 0.062 5 即可得到实际温度；如果温度小于 0，这 5 位为 1，测到的数值需要取反加 1 再乘以 0.062 5 才能得到实际温度，如表 8-2 所示。

表 8-2 温度高低字节存放形式及计算

字　节	存放形式及计算							
高 8 位	S	S	S	S	S	2^6	2^5	2^4
低 8 位	2^3	2^2	2^1	2^0	2^{-1}	2^{-2}	2^{-3}	2^{-4}

（3）DS18B20 的控制方法

DS18B20 有 6 条控制命令，如表 8-3 所示。

表 8-3 控制指令

指　令	约定代码	操作说明
温度转换	44H	启动 DS18B20 进行温度转换
读暂存器	BEH	读暂存器 9 个字节内容
写暂存器	4EH	将数据写入暂存器的 TH、TL 字节
复制暂存器	48H	把暂存器的 TH、TL 字节写到 E^2RAM 中
重新调 E^2RAM	B8H	把 E^2RAM 中的 TH、TL 字节写到暂存器 TH、TL 字节
读电源供电方式	B4H	启动 DS18B20 发送电源供电方式的信号给主 CPU

（4）DS18B20 的通信协议

DS18B20 要求采用严格的通信协议，以保证数据的完整性。该协议定义了几种信号类型：复位脉冲、应答脉冲时隙、写 0、写 1 时隙、读 0、读 1 时隙。与 DS18B20 的通信，是通过操作时隙完成单总线上的数据传输。发送所有的命令和数据时，都是字节的低位在前，高位在后。

1）复位和应答脉冲时隙。每个通信周期起始于微控制器发出的复位脉冲，其后紧跟

DS18B20 发出的应答脉冲，在写时隙期间，主机向 DS18B20 写入数据，而在读时隙期间，主机读入来自 DS18B20 的数据。在每一个时隙，总线只能传输 1 位数据。时序图如图 8-22 所示。

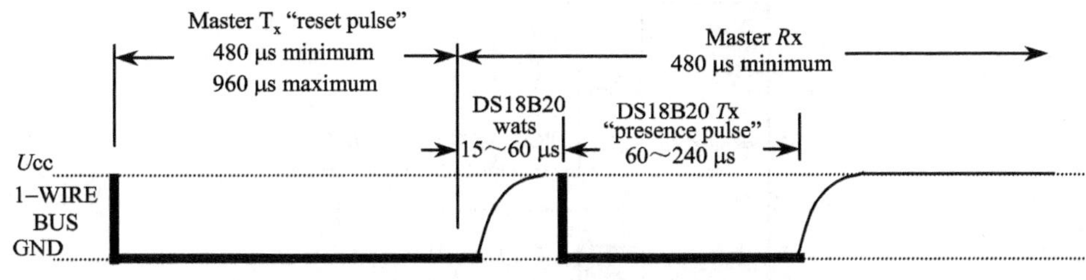

图 8-22 复位和应答脉冲时隙

2）写时隙。当主机将单总线 DQ 从逻辑高拉到逻辑低时，即启动一个写时隙，所有的写时隙必须在 80~120 μs 完成，且在每个循环之间至少需要 1 μs 的恢复时间。在写 0 时隙期间，微控制器在整个时隙中将总线拉低；而写 1 时隙期间，微控制器将总线拉低，然后在时隙起始后 15 μs 释放总线。时序图如图 8-23（a）所示。

3）读时隙。DS18B20 仅在主机发出读时隙时，才向主机传输数据。所以在主机发出读数据命令后，必须马上产生读时隙，以便 DS18B20 能够传输数据。所有的读时隙至少需要 60 μs，且在两次独立的读时隙之间，至少需要 1 μs 的恢复时间。每个读时隙都由主机发起，至少拉低总线 1 μs。在主机发起读时隙之后，DS18B20 才开始在总线上发送 0 或 1，若 DS18B20 发送 1，则保持总线为高电平。若发送为 0，则拉低总线，当发送 0 时，DS18B20 在该时隙结束后释放总线，由上拉电阻将总线拉回至高电平状态。DS18B20 发出的数据，在起始时隙之后保持有效时间为 15 μs。因而主机在读时隙期间，必须释放总线。并且在时隙起始后的 15 μs 之内采样总线的状态。时序图如图 8-23（b）所示。

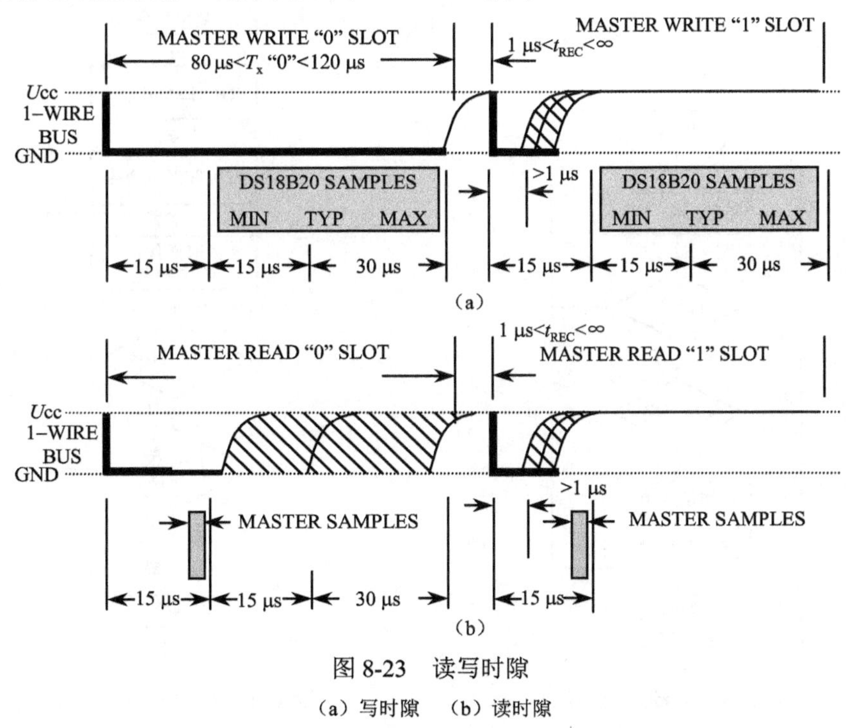

图 8-23 读写时隙

（a）写时隙 （b）读时隙

（5）硬件电路设计

按照系统设计功能的要求，系统由 3 个模块组成：主控制器、测温电路和显示电路。数字温度计总体电路结构如图 8-24 所示。

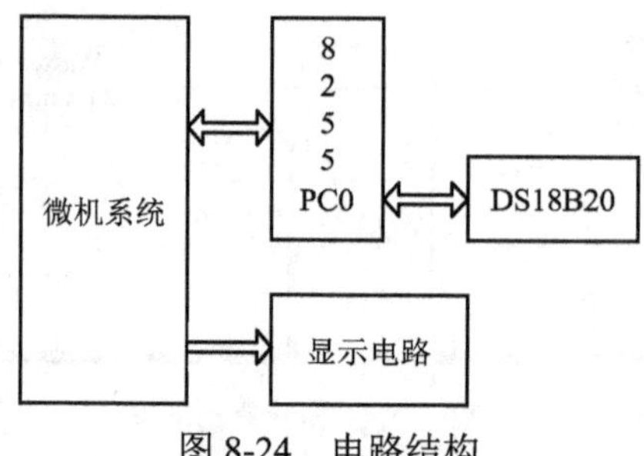

图 8-24　电路结构

在硬件上，DS18B20 与单片机的连接有两种方法：一种是 U_{CC} 接外部电源，GND 接地，I/O 与单片机的 I/O 相连；另一种是用寄生电源供电，此时 U_{DD}、GND 接地，I/O 接单片机的 I/O。无论是内部寄生电源还是外部供电，I/O 口要接 5 kΩ左右的上拉电阻。

（6）软件设计

系统程序主要包括主程序、读出温度子程序、温度转换子程序、计算温度子程序、显示数据刷新子程序等。

1）主程序。它的主要功能是负责温度的实时显示、读出并处理 DS18B20 的测量温度值，温度测量每 1 s 进行一次，其流程图如图 8-25 所示。

2）读出温度子程序。它的主要功能是读出 RAM 中的 9 个字节，在读出时需要进行 CRC 校验，校验有错时不进行温度数据的改写，其流程图如图 8-26 所示。

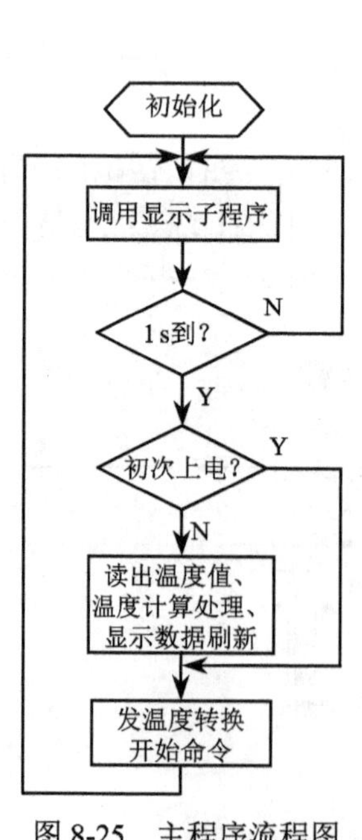

图 8-25　主程序流程图

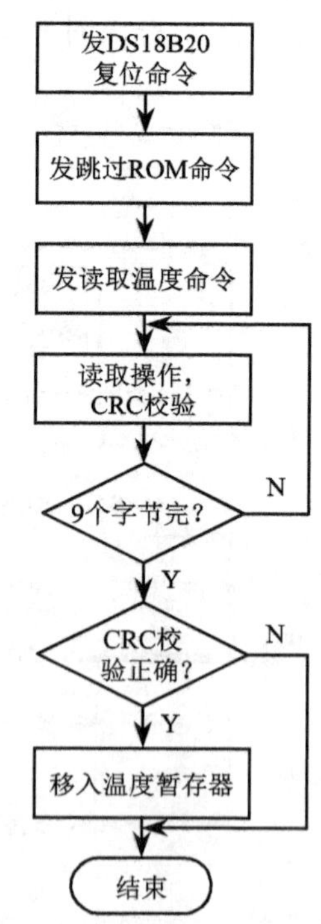

图 8-26　读出温度子程序流程图

3)温度转换命令子程序。它主要是发温度转换开始命令，当采用 12 位分辨率时转换时间约为 750 ms，在本程序设计中采用 1 s 显示程序延时法等待转换的完成，其流程图如图 8-27 所示。

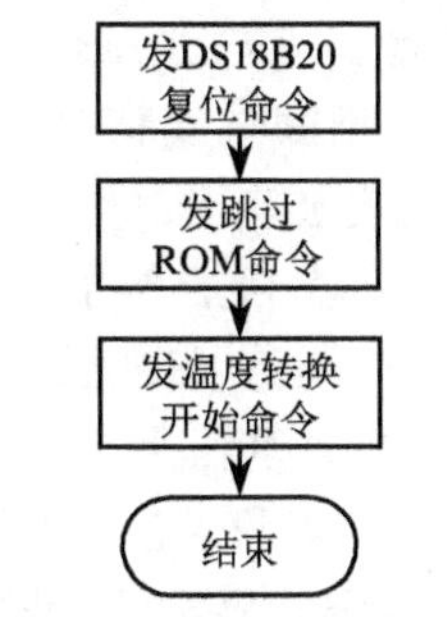

图 8-27　温度转换命令子程序流程图

4) 计算温度子程序。它将 RAM 中读取值进行 BCD 码的转换运算，并进行温度值正负的判定，其流程图如图 8-28 所示。

5) 显示数据刷新子程序。它主要是对显示缓冲区中的显示数据进行刷新操作，当最高显示位为 0 时将符号显示位移入下一位，其流程图如图 8-29 所示。

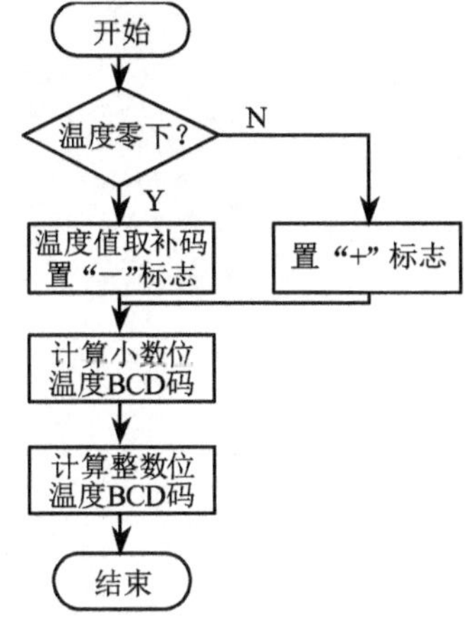

图 8-28　计算温度子程序流程图

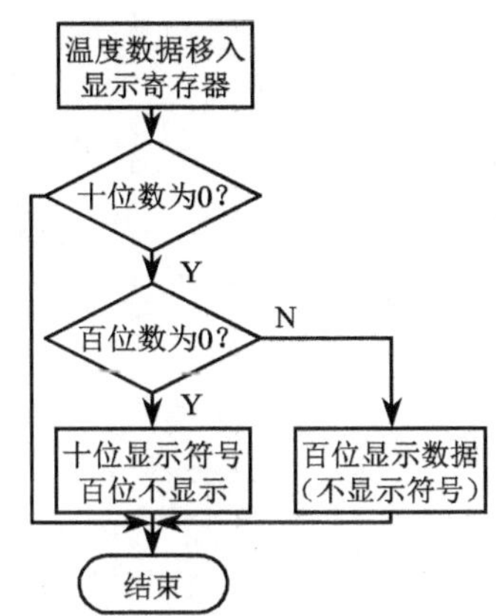

图 8-29　显示数据刷新子程序流程图

4．实训操作

根据上述分析，画出完整的整机电路，并按设计的整机电路设计 PCB 板。

(1) 焊接与安装

1) 清查元器件的数量与质量，对不合格的元器件及时更换。

2) 确定元器件的安装方式、安装高度，一般它由该元器件在电路中的作用、PCB 板与外壳间的距离以及该元器件两安装孔之间的距离所决定。

3) 进行引脚处理，即对元器件的引脚弯曲成形并进行烫锡处理。成形时不能从引脚根部弯曲，尽量把有字符的元器件面置于可观察的位置，字符应从左到右（卧式），或从上到下（直立式）。

4) 根据元器件位号对号插装，不可插错，对有极性的元器件，插孔时应特别小心。

5) 各焊点加热时间及用锡量要适当，对耐热性差的元器件应使用辅助工具散热，防止虚焊、错焊，避免因拖锡造成短路。

6) 剪去多余引脚线，检查所有焊点，对缺陷进行修补，必要时用无水酒精清洗 PCB 板。

7) 盖后盖前需要检查：

① 所有与面板孔嵌装的元器件是否正确到位；

② 变压器是否坐落在安装槽内；

③ 导线不可紧靠铁芯；

④ 是否有导线压住螺钉孔或散露在盖外。

（2）测试与调整

整机安装完毕，按原理图及工艺要求检查整机安装情况，着重检查电源线、变压器连线、输出连线及两块PCB板的连线是否正确、可靠，连线与印制板相邻导线及焊点有无短路及其他缺陷。一切正常时用万用表欧姆挡测得电源插头两引脚间的电阻大于500 Ω，即可通电检测。

测试前，先准备好0 ℃的冰水和100 ℃的沸水各1 000 ml，然后，把测温探头置于0℃的冰水中，观察4只LED数码管显示的读数为000.0；再将测温探头置于100 ℃的沸水中，观察4只LED数码管显示的读数为100.0。经过反复多次数测试，以证明数显温度计可以正常工作。

第 9 章　电气控制及 PLC 实训

项目 1　三相鼠笼式异步电动机带延时正反转控制

1．实训目标

1）通过对三相鼠笼式异步电动机延时正反转控制线路的安装接线，掌握由电气原理图完成实际操作电路的方法。

2）加深对电气控制系统各种保护、自锁、互锁等环节的理解。

3）学会分析、排除继电—接触控制线路故障的方法。

2．实训仪器

1）计算机或编程器，1 台

2）THPJW—2 实训柜，1 台

3）西门子 S7—200 可编程控制器，1 台。

3．实训内容

图 9-1 为电机控制图。按启动按钮 SB1，I0.0 的触点闭合，Q0.3 的线圈得电，Q0.0 的线圈也同时得电，此时电机正转，延时 3 s 后，Q0.0 的线圈失电，0.5 s 后 Q0.1 的线圈得电，此时电机反转；按启动按钮 SB2，I0.1 的触点闭合，Q0.3 的线圈得电，Q0.1 的线圈也同时得电，此时电机反转，延时 3 s，Q0.1 的线圈失电，0.5 s 后 Q0.0 的线圈得电，此时电机正转；按停止按钮 SB3，电机停止运转。

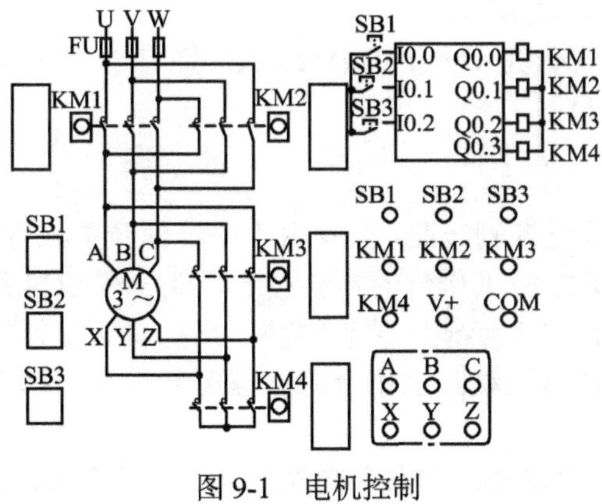

图 9-1　电机控制

4．实训操作

1）输入输出接线如表 9-1 所示。

表 9-1　输入输出接线

输入	SB1	SB2	SB3
	I0.0	I0.1	I0.2
输出	KM1	KM2	KM4
	Q0.0	Q0.1	Q0.3

2）自行设计 PLC 梯形图程序。
3）打开 PLC 电源开关将程序下载到 PLC 中。
4）启动并运行程序，观察实验现象。

项目 2　工作台自动往返 PLC 控制

1．实训目标

1）通过实训理解行程开关的作用，掌握行程开关的限位作用。
2）掌握可编程控制 PLC 实现互锁、双重互锁。
3）初步学会用 PLC 去解决实际应用问题。

2．实训仪器

1）低压断路器（QS），DZ108—20/10—F（0.63～1A），1 只。
2）螺旋式熔断器（FU），RL1—15（装熔芯 3 A），3 只。
3）交流接触器（KM1、KM2），LC1—D0610Q5N（线圈 AC380 V），2 只。
4）热继电器（FR），LR2—D1305N（0.63-1A），1 只；
热继电器座，LA7—D1064，1 个。
5）行程开关（SQ1、SQ2），LX9—222（手动复位），2 只。
6）行程开关（SQ3、SQ4），LX9—001（自动复位），2 只。
7）按钮开关（SB3），LAY16（红色），1 只。
8）按钮开关（SB1、SB2），LAY16（绿色），2 只。
9）接线端子排（XT），JF5，15 位。
10）三相鼠笼式异步电动机（M），WDJ24（380 V/Y），1 台。
11）S7—200PLC，1 台。

3．实训内容

图 9-2 为工作台自动往返控制线路，主要由 4 个行程开关来进行控制与保护。其中，SQ1、SQ2 装在机床床身上，用来控制工作台的自动往返，SQ3 和 SQ4 用来作终端保护，即限制工作台的极限位置。在工作台的 T 形槽中装有挡块，当挡块碰撞行程开关后，能使工作台停止和换向，工作台就能实现往返运动。工作台的行程可通过移动挡块位置来调节，以适应加工不同的工件。

图中的 SQ3 和 SQ4 分别安装在向右和向左的某个极限位置上。如果 SQ1 或 SQ2 失灵时，工作台会继续向右或向左运动，当工作台运行到极限位置时，挡块就会碰撞 SQ3 或 SQ4，从而切断控制线路，迫使电机 M 停转，工作台就停止移动。SQ3 和 SQ4 实际上起终端保护作用，因此称为终端保护开关或简称终端开关。

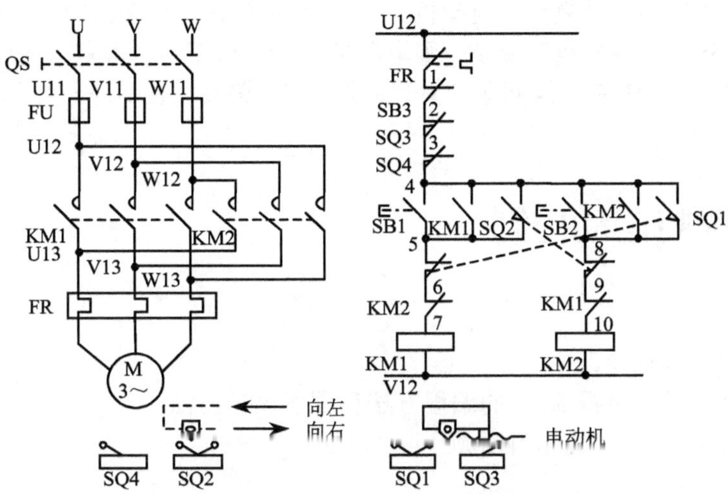

图 9-2　工作台自动往返控制线路

该线路的工作原理如图 9-3 所示。

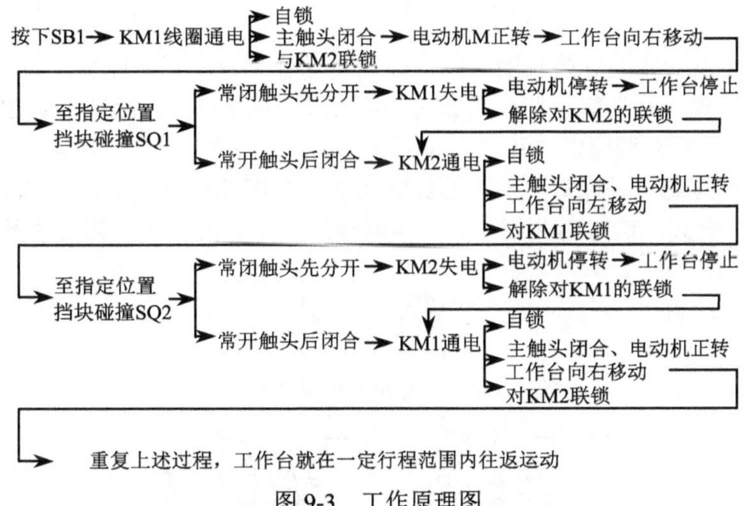

图 9-3　工作原理图

4．实训操作

1）输入输出接线：I/O 分配如表 9-2 所示，硬件连接如图 9-2 所示。

表 9-2　I/O 分配

输　入	SB1	SB2	SB3
	I0.0	I0.1	I0.2
输　出	KM1	KM2	
	Q0.0	Q0.1	

2）自行设计 PLC 梯形图程序。

3）打开 PLC 电源开关将程序下载到 PLC 中。

4）启动并运行程序，观察实验现象。

5）调试与测试。按 SB1，观察并调整电动机 M 为正转（模拟工作台向右移动），用手代替挡块按压 SQ1 并使其自动复位，电动机 M 先停转再反转（反转模拟工作台向左移动），用手代替挡块按压 SQ2 再使其自动复位，则电动机先停转再正转。重复上述过程，电动机都能正常正反转。若按压 SQ3 或 SQ4 极限位置开关则电机应停转。若不符合上述控制要求，则应分析并排除故障。

项目 3　交通灯自动控制

1．实训目标

1）熟练使用基本指令。

2）根据控制要求，掌握 PLC 的编程方法和程序调试方法。

3）使用 PLC 解决一个实际问题。

2．实训仪器

1）计算机或编程器，1 台。

2）THPJW—2 实训柜，1 台。

3．实训内容

图 9-4 为十字路口交通灯控制图。信号灯系统受一个启动开关控制，当启动开关接通时，信号灯系统开始工作，且先南北红灯亮 25 s，东西绿灯亮 20 s。东西绿灯到 20 s 后时，东西绿灯闪烁 3 s 后熄灭。在东西绿灯熄灭时，东西黄灯亮 2 s。到 2 s 时，东西黄灯熄灭，东西红灯亮，同时，南北红灯熄灭，绿灯亮，东西红灯亮 25 s。南北绿灯亮 20 s，然后闪烁 3 s 熄灭。南北黄灯亮 2 s 后熄灭，这时南北红灯亮，东西绿灯亮。周而复始。当启动开关断开时，所有信号灯都熄灭。

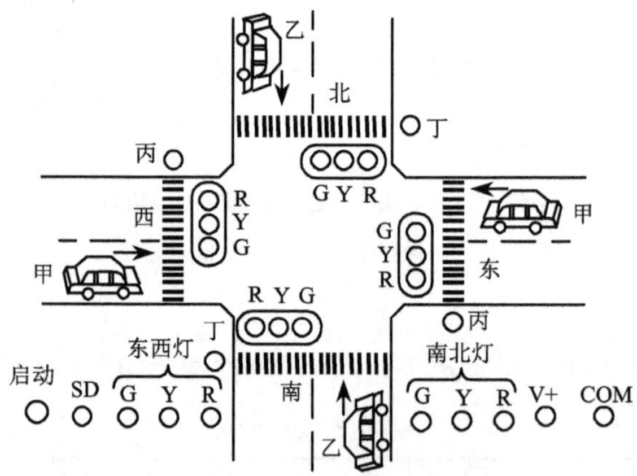

图 9-4　十字路口交通灯控制图

4．实验操作

1）输入输出接线如表 9-3 所示。

表 9-3　输入输出接线

输入	SD	输出	R	Y	G	输出	R	Y	G
	I0.0	南北	Q0.2	Q0.1	Q0.0	东西	Q0.5	Q0.4	Q0.3

2）打开 PLC 电源将程序输入并下载到 PLC 中。

3）启动并运行程序，观察实验现象。

4）工作过程：当启动开关 SD 合上时，I0.0 的触点接通，Q0.2 的线圈得电，南北红灯亮；同时 Q0.2 的动合触点闭合，Q0.3 的线圈得电，东西绿灯亮。维持 20 s，T43 的动合触点接通，与该触点串联的 T59 动合触点每隔 0.5 s 导通 0.5 s，从而使 Q0.3（东西绿灯）闪烁。又过 3 s，T44 的动断触点断开，Q0.3 的线圈失电，东西绿灯灭；此时 T44 的动合触点闭合，Q0.4 的线圈得电，东西黄灯亮。再过 2 s 后，此时启动累计时间达 25 s，T37 的动断触点断开，T44 的动合触点断开，Q0.4 的线圈失电，东西黄灯灭，Q0.2 的线圈失电，南北红灯灭，T37 的动合触点闭合，Q0.5 的线圈得电，东西红灯亮，Q0.5 的动合触点闭合，Q0.0 的线圈得电，南北绿灯亮。

这是一个东西方向通行的工作过程，南北方向通行的过程类似，然后再周而复始地进行。

项目 4　四层电梯控制

1．实训目标

1）通过对工程实例的模拟，熟练地掌握 PLC 的编程和程序调试方法。

2）进一步熟悉 PLC 的 I/O 连接。

3）熟悉四层电梯内外按钮控制的编程方法。

2．实训仪器

1）THPFDT—1 型四层电梯实训模型，1 台。

2）安装了 STEP7 MicroWIN V3.2 编程软件的计算机，1 台。

3）PC—PPI 编程电缆，1 根。

4）PLC（西门子，自配 40 点机型，输入口大于 20 点，输出口大于 14 点），1 台。

3．实训内容

四层电梯实训模型如图 9-5 所示。

1）开始时，电梯处于任意一层。

2）当有外呼梯信号到来时，电梯响应该呼梯信号，到达该楼层时，电梯停止运行，电梯门打开，延时 3 s 后自动关门。

3）当有内呼梯信号到来时，电梯响应该呼梯信号，到达该楼层时，电梯停止运行，电梯门打开，延时 3 s 后自动关门。

4）在电梯运行过程中，电梯上升（或下降）途中，任何反方向下降（或上升）的外呼梯信号均不响应，但如果反向外呼梯信号前方向无其他内、外呼梯信号时，则电梯响应该信号，但不响应二层向下外呼梯信号。同时，如果电梯到达三层，如果四层没有任何呼梯信号，则电梯可以响应三层向下外呼梯信号。

5）电梯应具有最远反向外呼梯信号响应功能。例如，电梯在一楼，而同时有二层向下外呼梯信号，三层向下外呼梯信号，四层向下外呼梯信号，则电梯先去四楼响应四层向下外呼梯信号。

6）电梯未平层或运行时，开门按钮和关门按钮均不起作用。平层且电梯停止运行后，按开门按钮电梯门打开，按关门按钮电梯门关闭。

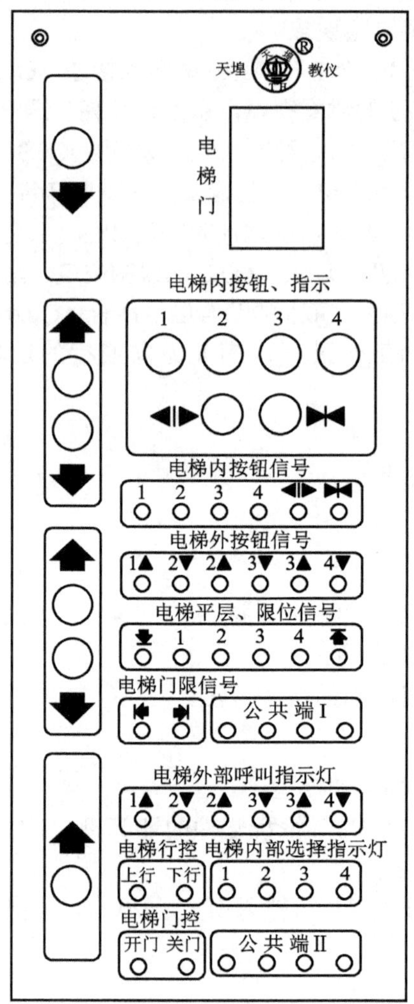

图 9-5　四层电梯按钮控制

7）输入/输出的分配如表 9-4 所示。

表 9-4　输入/输出分配

序　　号	名　　称	输　入　点	序　　号	名　　称	输　出　点
1	一层内呼	I0.0	1	一层内呼指示	Q0.0
2	二层内呼	I0.1	2	二层内呼指示	Q0.1
3	三层内呼	I0.2	3	三层内呼指示	Q0.2
4	四层内呼	I0.3	4	四层内呼指示	Q0.3
5	一层外呼上	I0.4	5	一层外呼上指示	Q0.4
6	二层外呼下	I0.5	6	二层外呼下指示	Q0.5
7	二层外呼上	I0.6	7	二层外呼上指示	Q0.6
8	三层外呼下	I0.7	8	三层外呼下指示	Q0.7
9	三层外呼上	I1.0	9	三层外呼上指示	Q1.0
10	四层外呼下	I1.1	10	四层外呼下指示	Q1.1

续表

序　　号	名　　称	输　入　点	序　　号	名　　称	输　出　点
11	开门开关	I1.2	11	电梯上行	Q2.0
12	关门开关	I1.3	12	电梯下行	Q2.1
13	一层平层	I1.4	13	门电机开	Q2.2
14	二层平层	I1.5	14	门电机关	Q2.3
15	三层平层	I2.0	15	电梯上行指示	Q2.4
16	四层平层	I2.1	16	电梯下行指示	Q2.5
17	开门限位	I2.2			
18	关门限位	I2.3			
19	电梯上升极限位	I2.4			
20	电梯下降极限位	I2.5			

4．实训操作

1）接通电梯模型及 PLC 的电源，观察电梯模型、PLC 供电是否正常，然后闭合电源开关。

2）将四层电梯实训模型与 PLC 按如下连接。

① 电梯内按钮信号 1、2、3、4、◀|▶、▶|◀与 PLC 的 I0.0、I0.1、I0.2、I0.3、I1.2、I1.3 相连；

② 电梯外按钮信号 1▲、2▼、2▲、3▼、3▲、4▼与 PLC 的 I0.4、I0.5、I0.6、I0.7、I1.0、I1.1 相连；

③ 电梯平层，限位信号▁、1、2、3、4、▔与 PLC 的 I2.5、I1.4、I1.5、I2.0、I2.1、I2.4 相连；

④ 电梯门限信号|◀、▶|与 PLC 的 I2.2、I2.3 相连；

⑤ 公共端 I 与 PLC 输入端 COM 相连；

⑥ 电梯内部选择指示灯 1、2、3、4 与 PLC 主机的 Q0.0、Q0.1、Q0.2、Q0.3 相连；

⑦ 电梯外部呼叫指示灯 1▲、2▼、2▲、3▼、3▲、4▼与 PLC 的 Q0.4、Q0.5、Q0.6、Q0.7、Q1.0、Q1.1 相连；

⑧ 电梯行控上行、下行与 PLC 的 Q2.0、Q2.1 相连；

⑨ 电梯门控开门、关门与 PLC 的 Q2.2、Q2.3 相连；

⑩ 公共端 II 与 PLC 的输出端 COM 相连。

检查无误后，重新开启电源，模型、PLC 处于待机状态。

3）下载并运行程序，按动电梯模型中的内呼或外呼按钮，若 PLC 程序编制正确的话，电梯模型将按内、外呼叫，按控制要求正常运行。

附　录

1．液体混合装置控制实验参考程序

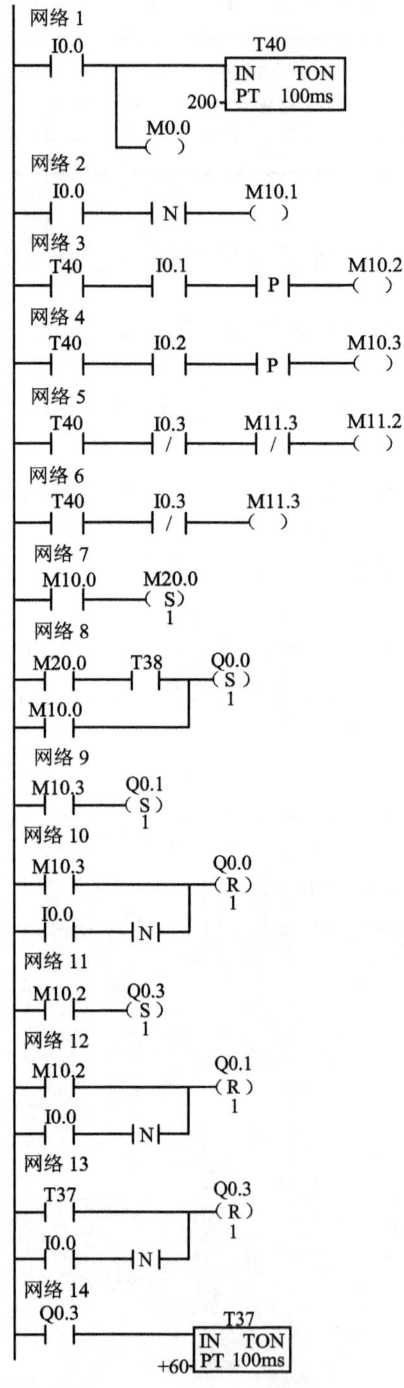

2．运料小车控制实验参考程序

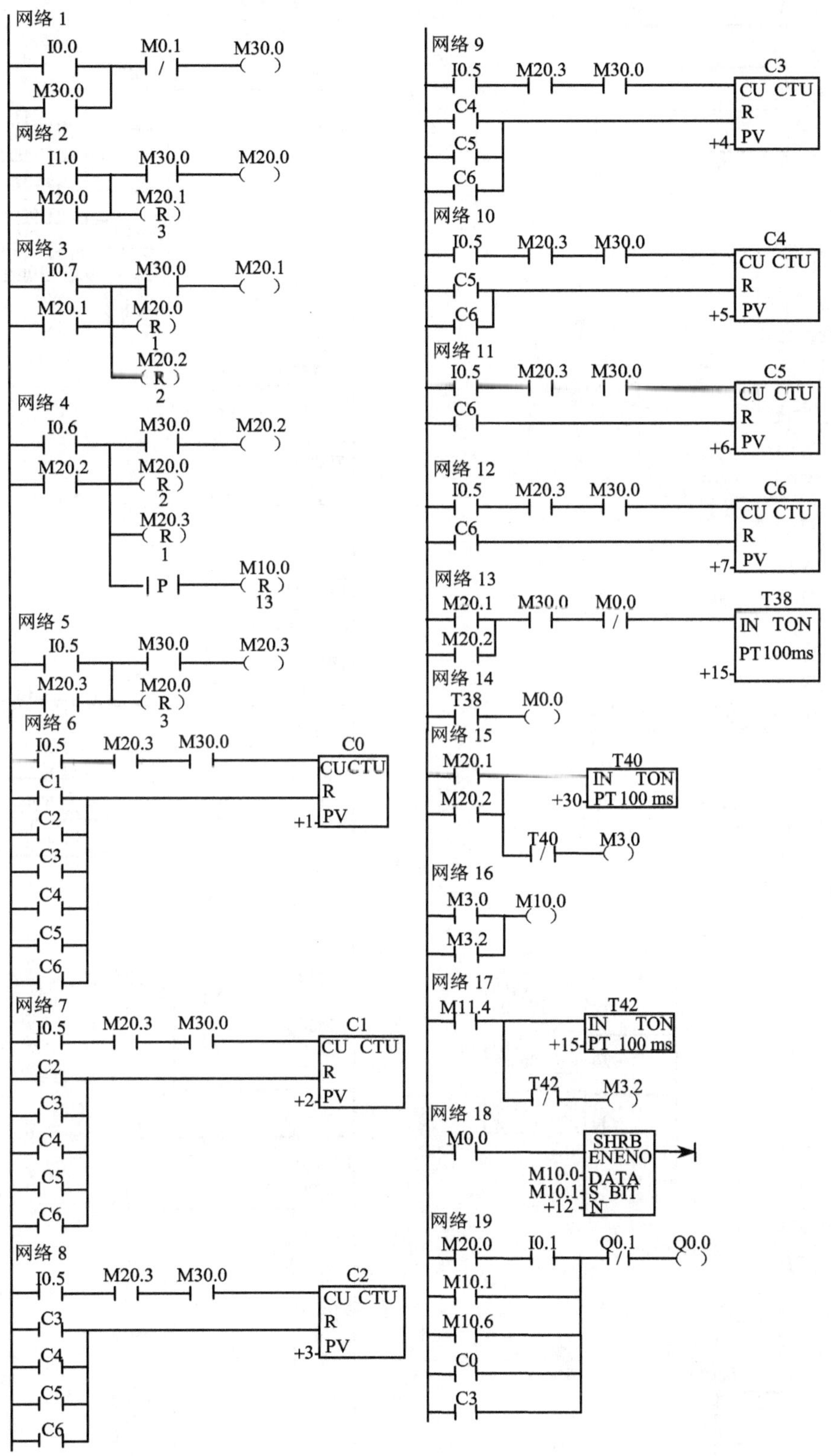

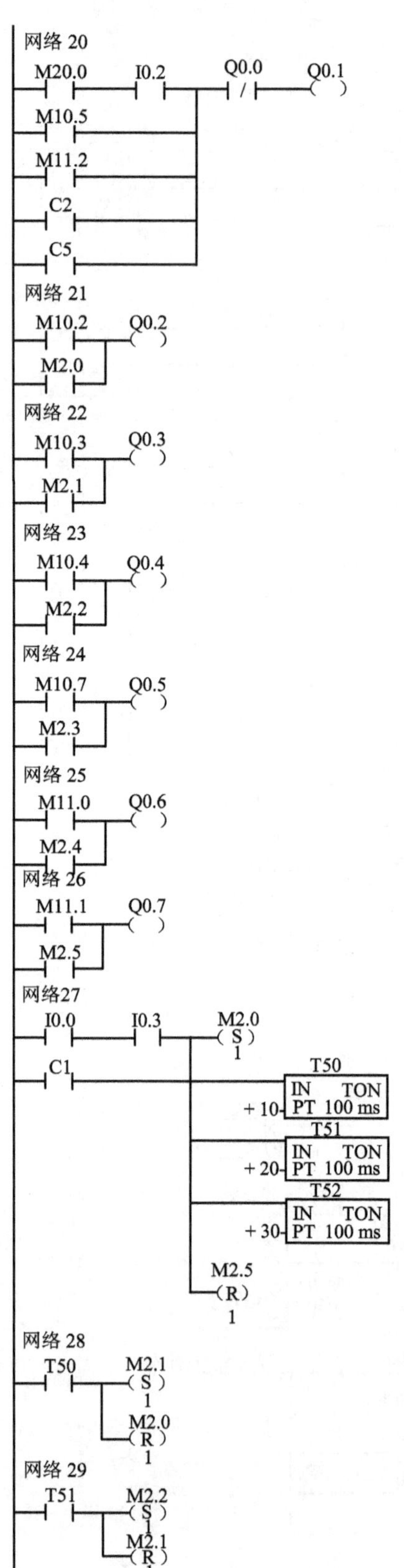
网络 20
M20.0
I0.2
Q0.0
Q0.1
M10.5
M11.2
C2
C5
网络 21
M10.2
Q0.2
M2.0
网络 22
M10.3
Q0.3
M2.1
网络 23
M10.4
Q0.4
M2.2
网络 24
M10.7
Q0.5
M2.3
网络 25
M11.0
Q0.6
M2.4
网络 26
M11.1
Q0.7
M2.5
网络27
I0.0
I0.3
M2.0
S
1
C1
T50
IN TON
+ 10
PT 100 ms
T51
IN TON
+ 20
PT 100 ms
T52
IN TON
+ 30
PT 100 ms
M2.5
R
1
网络 28
T50
M2.1
S
1
M2.0
R
1
网络 29
T51
M2.2
S
1
M2.1
R
1

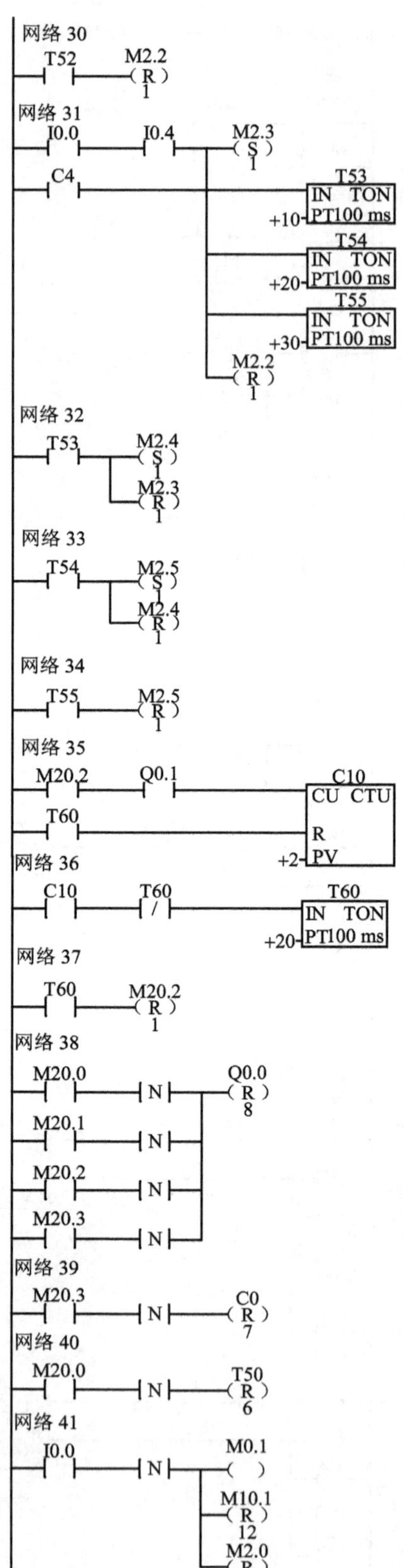
网络 30
T52
M2.2
R
1
网络 31
I0.0
I0.4
M2.3
S
1
C4
T53
IN TON
+10
PT100 ms
T54
IN TON
+20
PT100 ms
T55
IN TON
+30
PT100 ms
M2.2
R
1
网络 32
T53
M2.4
S
1
M2.3
R
1
网络 33
T54
M2.5
S
M2.4
R
1
网络 34
T55
M2.5
R
1
网络 35
M20.2
Q0.1
C10
CU CTU
T60
R
+2
PV
网络 36
C10
T60
T60
IN TON
+20
PT100 ms
网络 37
T60
M20.2
R
1
网络 38
M20.0
N
Q0.0
R
8
M20.1
N
M20.2
N
M20.3
N
网络 39
M20.3
N
C0
R
7
网络 40
M20.0
N
T50
R
6
网络 41
I0.0
N
M0.1
M10.1
R
12
M2.0
R
6

3．水塔水位控制实验参考程序

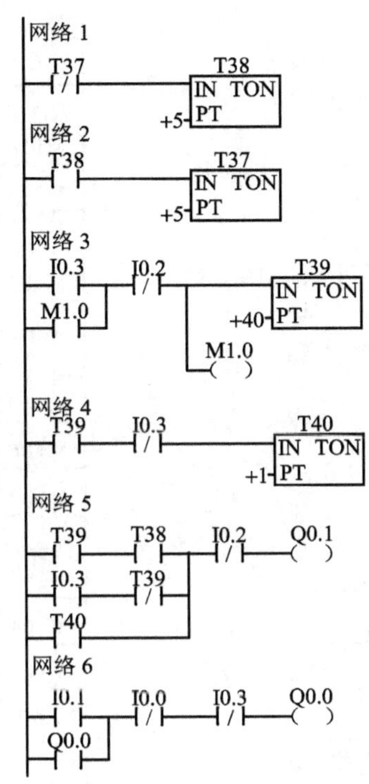

4．天塔之光控制实验参考程序

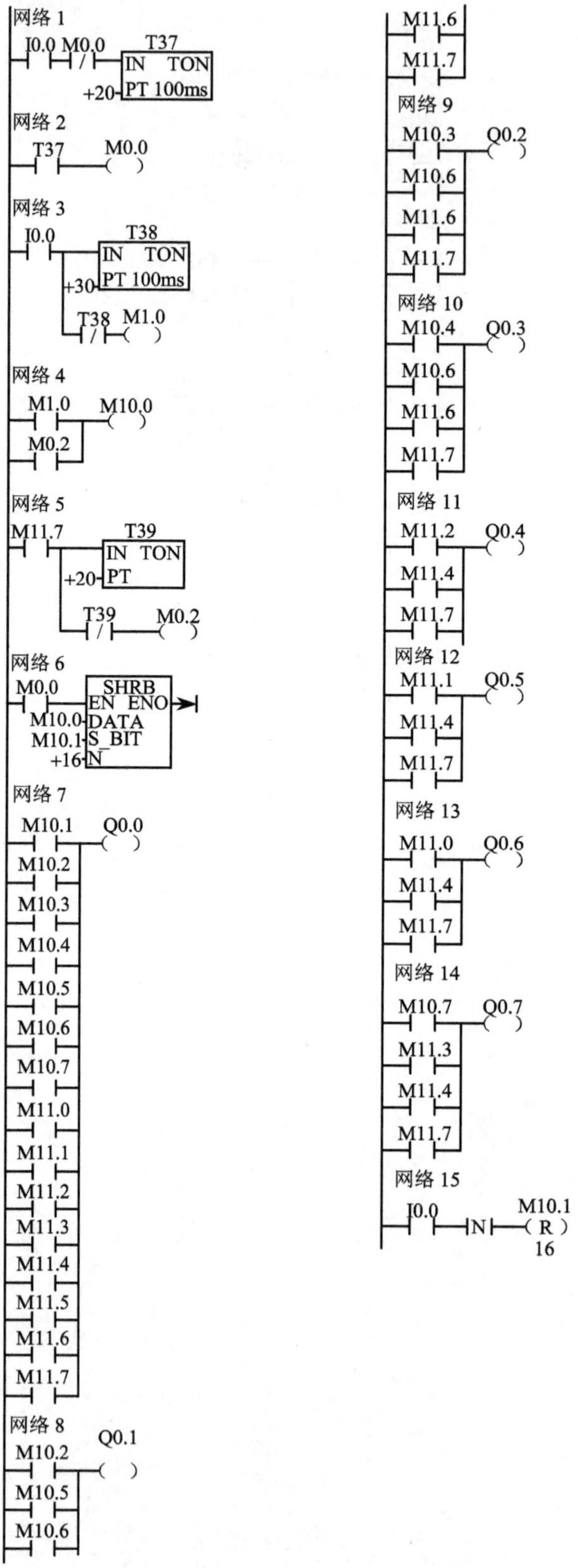

网络 1
I0.0 M0.0 T37
IN TON
+20 PT 100ms

网络 2
T37 M0.0

网络 3
I0.0 T38
IN TON
+30 PT 100ms
T38 M1.0

网络 4
M1.0 M10.0
M0.2

网络 5
M11.7 T39
IN TON
+20 PT
T39 M0.2

网络 6
M0.0 SHRB
EN ENO
M10.0 DATA
M10.1 S_BIT
+16 N

网络 7
M10.1 Q0.0
M10.2
M10.3
M10.4
M10.5
M10.6
M10.7
M11.0
M11.1
M11.2
M11.3
M11.4
M11.5
M11.6
M11.7

网络 8
M10.2 Q0.1
M10.5
M10.6
M11.6
M11.7

网络 9
M10.3 Q0.2
M10.6
M11.6
M11.7

网络 10
M10.4 Q0.3
M10.6
M11.6
M11.7

网络 11
M11.2 Q0.4
M11.4
M11.7

网络 12
M11.1 Q0.5
M11.4
M11.7

网络 13
M11.0 Q0.6
M11.4
M11.7

网络 14
M10.7 Q0.7
M11.3
M11.4
M11.7

网络 15
I0.0 N M10.1
R
16

5．交通灯自动控制实验参考程序

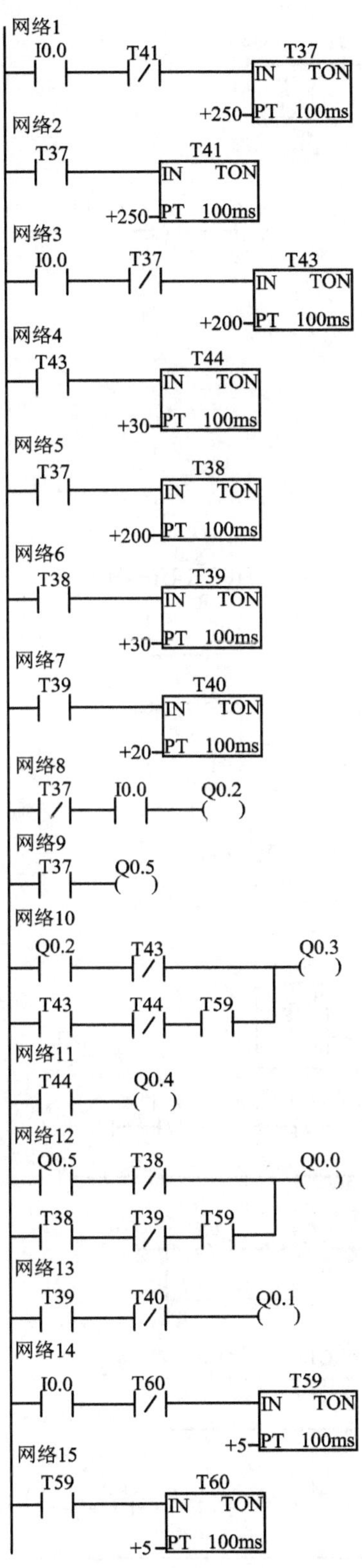

6．四层电梯控制实验参考程序

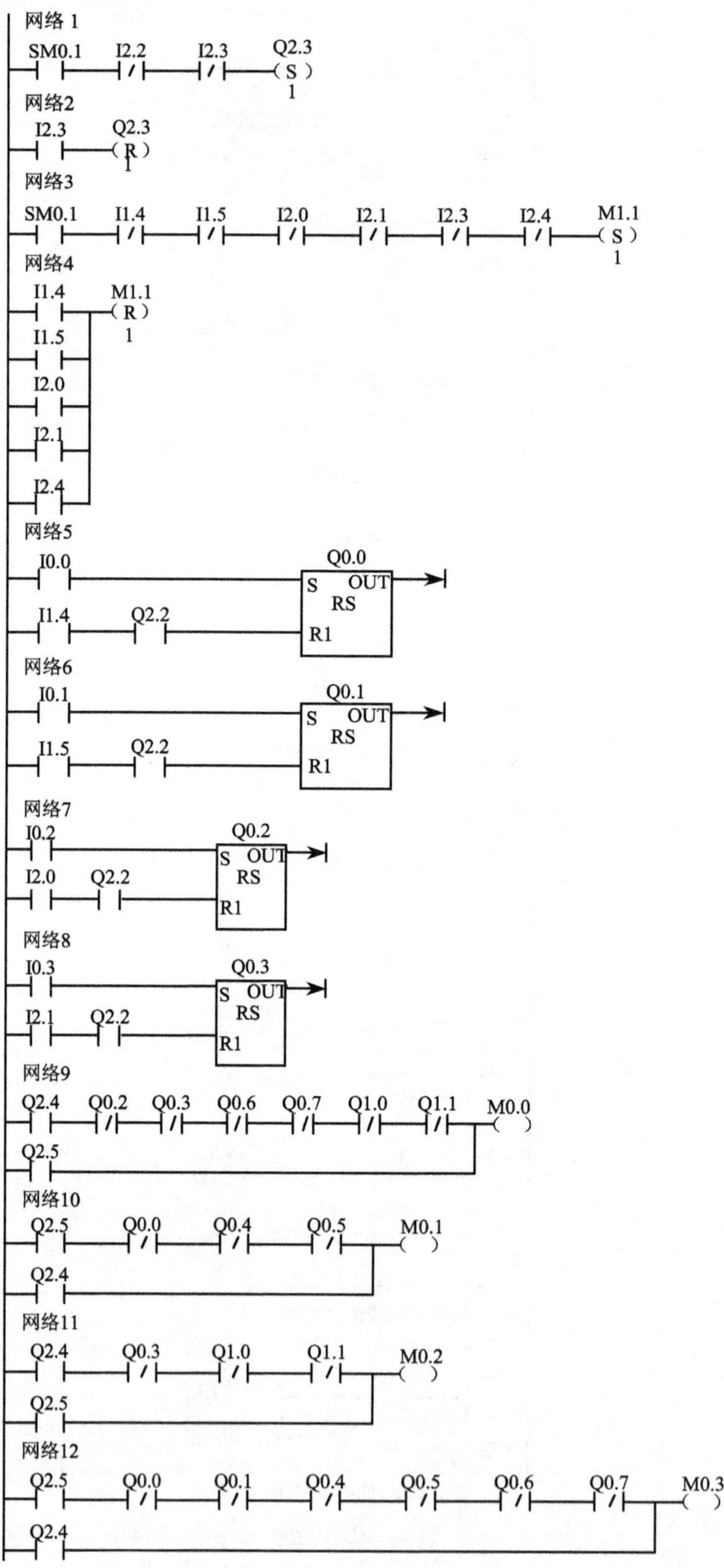

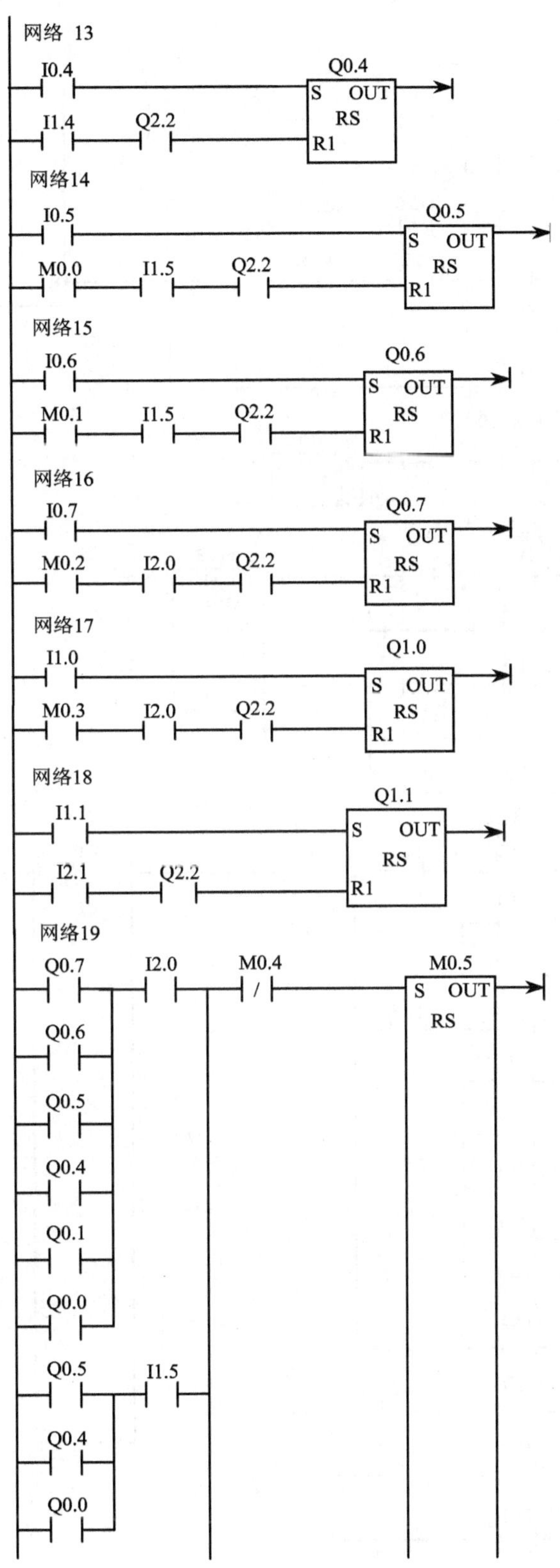
网络 13
I0.4
Q0.4
S OUT
RS
R1
I1.4
Q2.2
网络14
I0.5
Q0.5
S OUT
RS
R1
M0.0
I1.5
Q2.2
网络15
I0.6
Q0.6
S OUT
RS
R1
M0.1
I1.5
Q2.2
网络16
I0.7
Q0.7
S OUT
RS
R1
M0.2
I2.0
Q2.2
网络17
I1.0
Q1.0
S OUT
RS
R1
M0.3
I2.0
Q2.2
网络18
I1.1
Q1.1
S OUT
RS
R1
I2.1
Q2.2
网络19
Q0.7
I2.0
M0.4
/
M0.5
S OUT
RS
Q0.6
Q0.5
Q0.4
Q0.1
Q0.0
Q0.5
I1.5
Q0.4
Q0.0

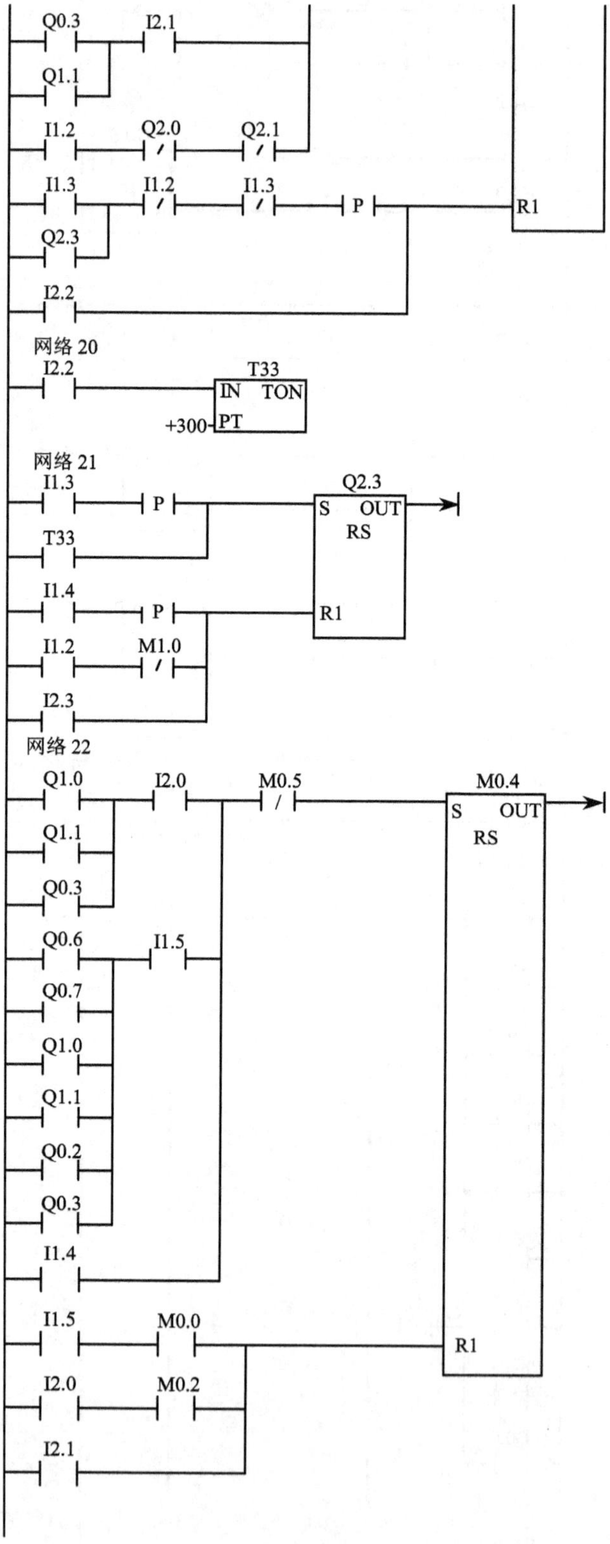

Q0.3 I2.1
Q1.1
I1.2 Q2.0 Q2.1
I1.3 I1.2 I1.3 P R1
Q2.3
I2.2

网络 20
I2.2 T33 IN TON
+300 PT

网络 21
I1.3 P Q2.3 S OUT RS
T33
I1.4 P R1
I1.2 M1.0
I2.3

网络 22
Q1.0 I2.0 M0.5 M0.4 S OUT RS
Q1.1
Q0.3
Q0.6 I1.5
Q0.7
Q1.0
Q1.1
Q0.2
Q0.3
I1.4
I1.5 M0.0 R1
I2.0 M0.2
I2.1

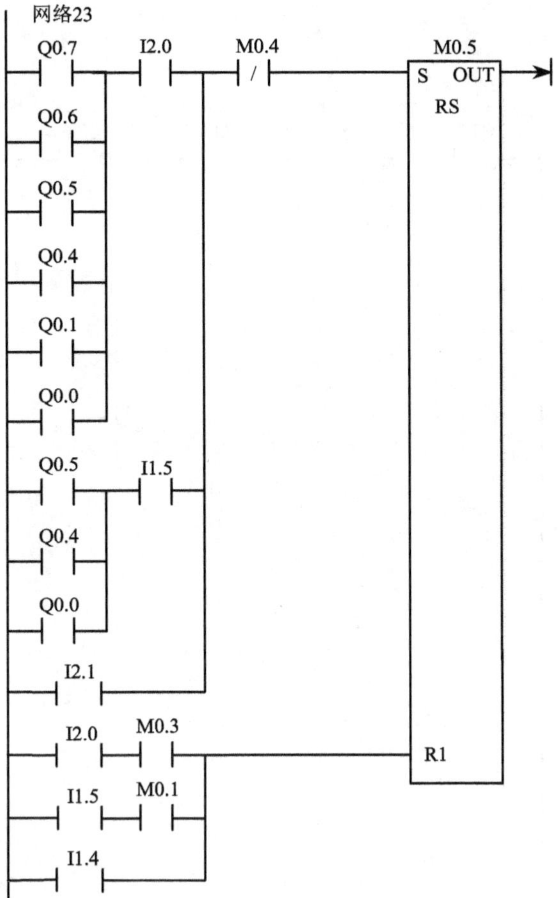

网络23

Q0.7 I2.0 M0.4 M0.5
S OUT
RS
Q0.6
Q0.5
Q0.4
Q0.1
Q0.0
Q0.5 I1.5
Q0.4
Q0.0
I2.1
I2.0 M0.3 R1
I1.5 M0.1
I1.4

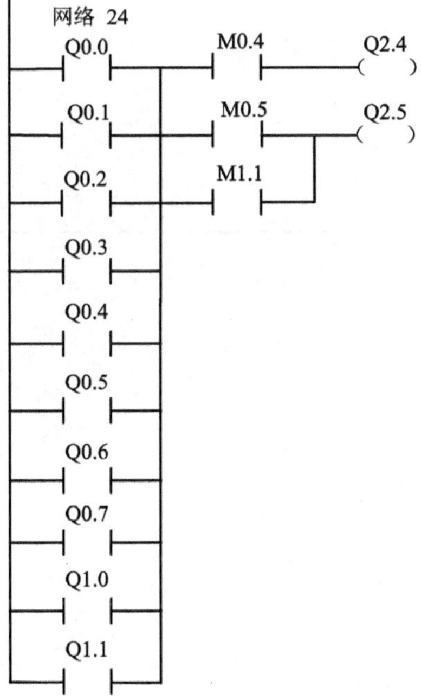

网络 24

Q0.0 M0.4 Q2.4
Q0.1 M0.5 Q2.5
Q0.2 M1.1
Q0.3
Q0.4
Q0.5
Q0.6
Q0.7
Q1.0
Q1.1

网络 25

Q0.1
I1.4
Q2.2
I2.3
Q2.1
Q2.4
Q2.0
S OUT
RS
Q0.2
Q0.3
Q0.5
Q0.6
Q0.7
Q1.0
Q1.1
Q0.2
I1.5
Q0.3
Q0.7
Q1.0
Q1.1
Q0.3
I2.0
Q1.1
Q2.1
P
R1
I2.4
Q2.5
Q2.2
Q2.1

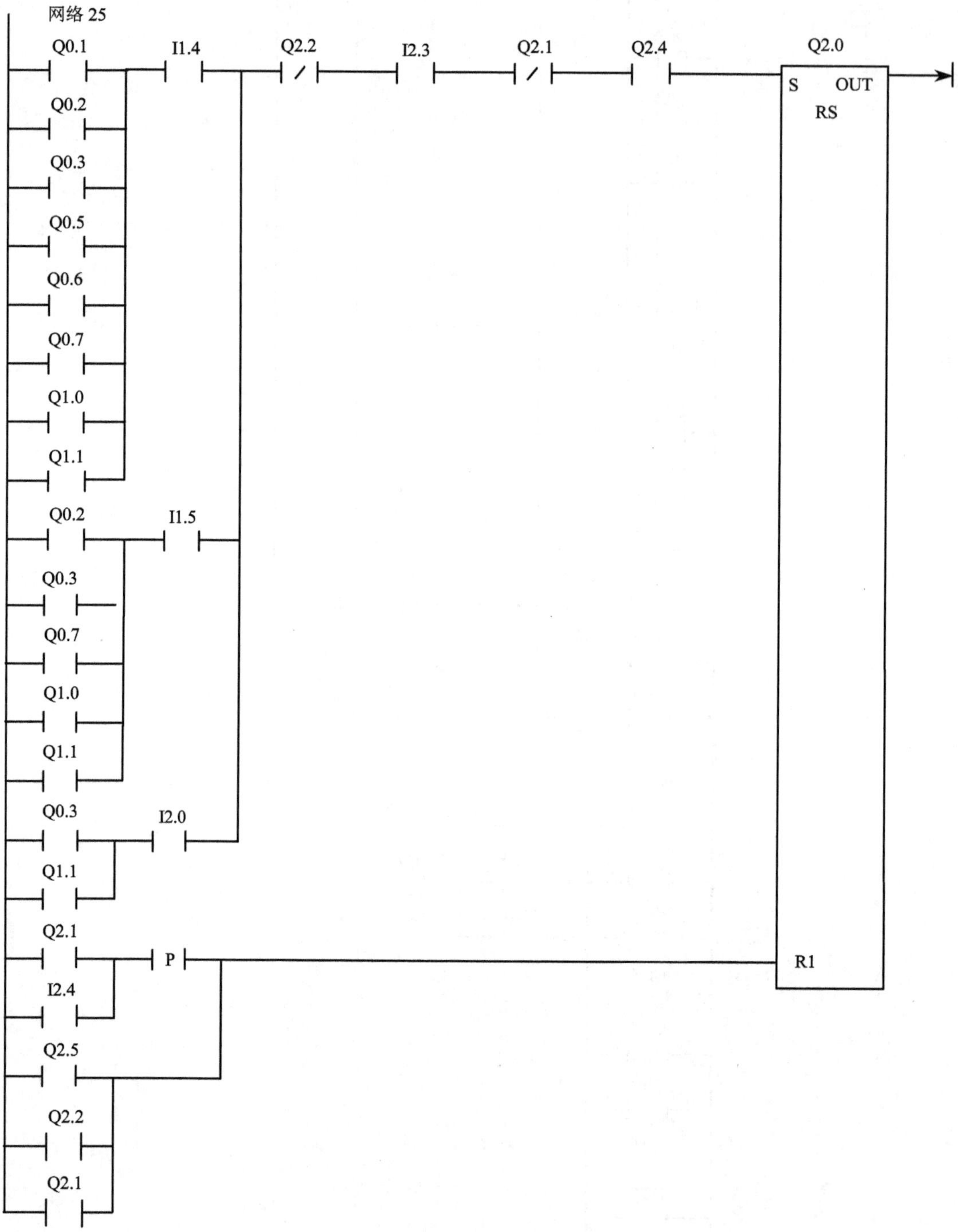

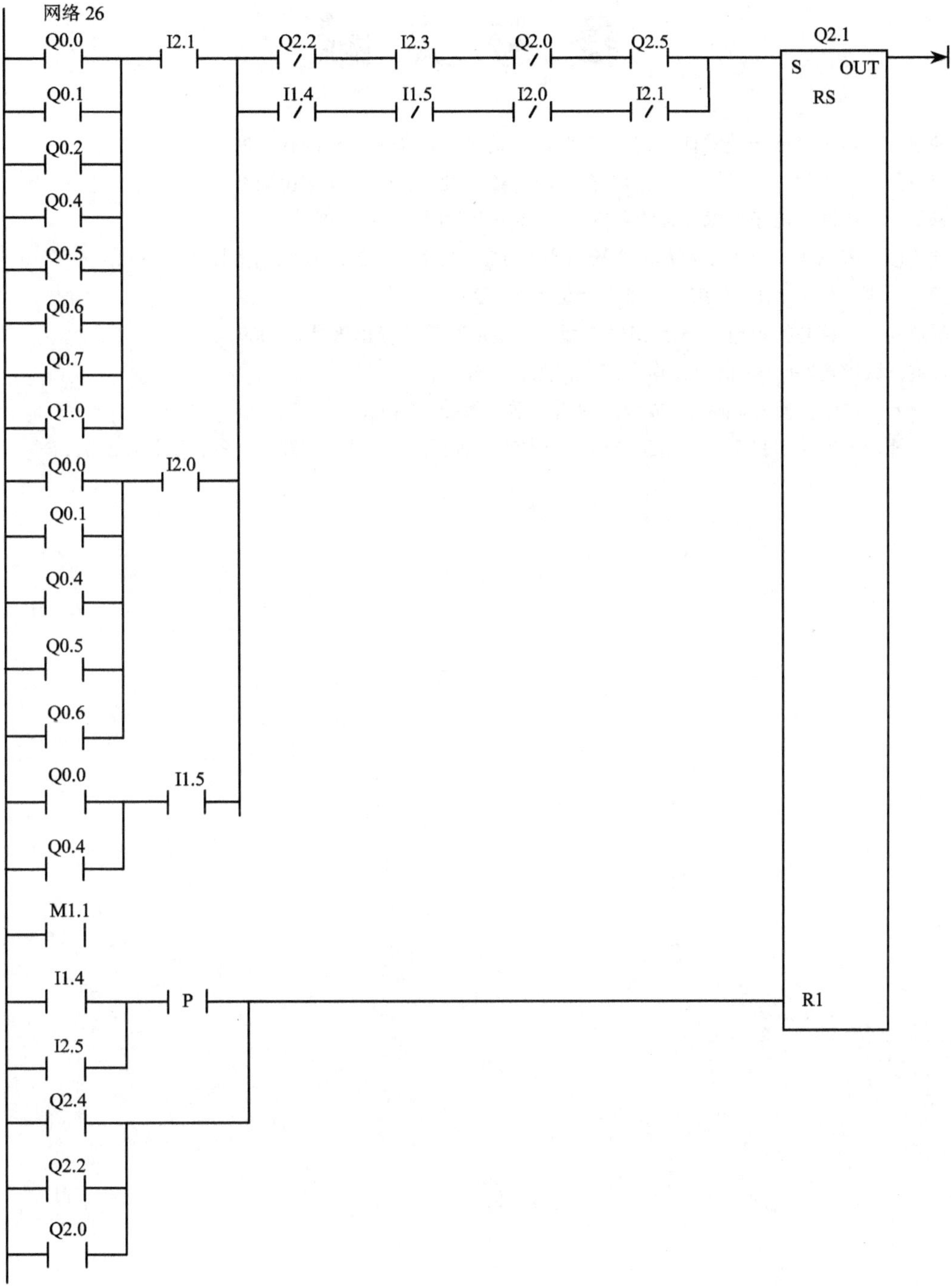

网络 26

Q0.0 I2.1 Q2.2 I2.3 Q2.0 Q2.5 Q2.1
S OUT
RS
Q0.1 I1.4 I1.5 I2.0 I2.1
Q0.2
Q0.4
Q0.5
Q0.6
Q0.7
Q1.0
Q0.0 I2.0
Q0.1
Q0.4
Q0.5
Q0.6
Q0.0 I1.5
Q0.4
M1.1
I1.4 P R1
I2.5
Q2.4
Q2.2
Q2.0

参考文献

[1] 沙晓菁．电工与电子技术基础技能实训[M]．北京：清华大学出版社，2005．

[2] 赵淑范，王宪伟．电子技术实验与课程设计[M]．北京：清华大学出版社，2006．

[3] 杨子鸣．电路与电子技术实训教程[M]．北京：科学出版社，2003．

[4] 周美珍，陈昌彦．电子技术基础实验与实习[M]．北京：中国水利水电出版社，2002．

[5] 汪红．电子技术[M]．北京：电子工业出版社，2003．

[6] 殷瑞祥．电路与模拟电子技术[M]．2 版．北京：高等教育出版社，2009．

[7] 郝波．数字电路[M]．北京：电子工业出版社，2003．

[8] 王港元．电子技能基础[M]．成都：四川大学出版社，2001．

[9] 王俊峰，安家文，吕宽州．电工与电子技术实验教程[M]．郑州：黄河水利出版社，2001．